Marcello Romani-Dias | Aline dos Santos Barbosa | Lucas Baesso

A Arte de "Fazer" *Mestrado e Doutorado*

Um guia para uma jornada virtuosa

Freitas Bastos Editora

Direção Editorial: Isaac D. Abulafia
Gerência Editorial: Marisol Soto
Assistente Editorial: Larissa Guimarães
Diagramação e Capa: Sofia de Souza Moraes
Copidesque: Tatiana Paiva
Revisão: Doralice Daiana da Silva

Dados Internacionais de Catalogação na Publicação (CIP) de acordo com ISBD

R758a Romani-Dias, Marcello

A Arte de "Fazer" Mestrado e Doutorado: um guia para uma jornada virtuosa / Marcello Romani-Dias, Aline dos Santos Barbosa, Lucas Baesso. - Rio de Janeiro, RJ : Freitas Bastos, 2025.
252 p. : 23cm x 15,5cm.

ISBN: 978-65-5675-534-2

1. Metodologia de pesquisa. 2. Mestrado. 3. Doutorado. I. Barbosa, Aline dos Santos. II. Baesso, Lucas. III. Título.

CDD 001.42
2025-1774 CDU 001.81

Elaborado por Vagner Rodolfo da Silva - CRB-8/9410

Índice para catálogo sistemático:
1. Metodologia de pesquisa 001.42
2. Metodologia de pesquisa 001.81

Freitas Bastos Editora
atendimento@freitasbastos.com
www.freitasbastos.com

Este livro é dedicado aos nossos alunos, do passado, do presente e do futuro:

- Aos nossos alunos do passado, por terem sido eles que com o passar dos anos nos deixaram clara a necessidade de escrevermos um livro sobre mestrado e doutorado. Esperamos vê-los também no futuro.
- Aos nossos alunos do presente, por manterem viva em nós, dia após dia, a lembrança de que podemos sempre fazer mais e melhor, registrando e publicando o que ensinamos e, principalmente, o que aprendemos no decorrer dos anos. Esperamos vê-los também no futuro.
- Aos nossos alunos do futuro, para os quais pretendemos entregar esta obra no primeiro dia de orientação individual!

Também dedicamos este livro aos nossos entes queridos, que nos lembram com frequência de nosso valor, e de quanto o bom combate pode parecer duro, ao mesmo tempo em que é engrandecedor para nossas vidas e para a vida de quem nos cerca.

OS AUTORES

Marcello Romani-Dias

Com realização de estágio doutoral no Massachusetts Institute of Technology (MIT), é doutor em Administração de Empresas pela Fundação Getulio Vargas (EAESP/FGV), na Linha de Pesquisa em Estratégia Empresarial, concluiu pós-doutorado na Bentley University (USA), e licenciatura em Filosofia na Universidade Presbiteriana Mackenzie (2019-2022). É mestre em Administração pela FEI, especialista em Governança nos Negócios pela FIA, e bacharel em Administração pela ESPM. Como educador, é professor titular do Programa de mestrado e doutorado em Administração (PPGA), em que orienta pesquisas na temática da Estratégia Empresarial, e do Programa de mestrado e doutorado em Gestão Ambiental (PPGAMB), ambos na Universidade Positivo (UP). Atua como professor na Fundação Getulio Vargas (FGV), no âmbito da educação executiva. Participa ativamente de congressos de Administração em âmbito nacional e internacional, e tem sólida publicação em periódicos científicos da área. Como gestor, é coordenador em programas executivos no FGV in Company e sócio na Barbosa e Romani Educação e Assessoria Ltda. Seu trabalho inclui o desenho de cursos presenciais e virtuais, consultoria empresarial, elaboração de conteúdos em apostilas, videoaulas e *podcasts*, e desenvolvimento de publicações sobre os cursos realizados, no formato de cases empresariais. É sócio-fundador da *Schola Akadémia*, escola virtual que oferta uma série de serviços educacionais, entre os quais se destacam as atividades de consultoria e de mentorias individualizadas.

Aline dos Santos Barbosa

Com realização de estágio doutoral na Bentley University (EUA), é doutora em Administração de Empresas pela Fundação Getulio Vargas (EAESP/FGV), na Linha de Pesquisa Estratégia Empresarial, e tem licenciatura em Filosofia na Universidade Presbiteriana Mackenzie (2019-2022). É mestre em Administração pela FEI, especialista em Comunicação com o Mercado pela FIA e bacharel em Comunicação Social com habilitação em Publicidade e Propaganda. Como educadora, é professora, mentora acadêmica, orientadora e conteudista digital. Participa ativamente dos principais congressos de Administração em âmbito nacional e internacional, com sólida publicação em periódicos científicos da área, também na temática de estratégia empresarial. Como gestora, é coordenadora de cursos de Educação Executiva no FGV in Company, e também coordena o tema Desigualdade de Gênero nas Organizações no Congresso de Administração Sociedade e Inovação (CASI). É sócia na Barbosa e Romani Educação e Assessoria Ltda. Seu trabalho inclui o desenho de cursos presenciais e virtuais, elaboração de conteúdos em apostilas, videoaulas e *podcasts*. É sócia-fundadora da Schola Akadémia, escola virtual que oferta uma série de serviços educacionais, entre os quais se destacam as atividades de consultoria e de mentorias individualizadas.

Lucas Baesso

Atualmente cursando o doutorado em Administração de Empresas pelo Instituto COPPEAD (UFRJ). mestre em Administração de Empresas pelo MADE/Universidade Estácio de Sá (2023), atuante em docência e pesquisas nas linhas de Empreendedorismo, Estratégia Organizacional e Transformação Digital, com foco nos elementos comportamentais ligados à ação dos empreendedores. Especialista na construção de Casos de Ensino no campo da Administração de Empresas, com casos publicados em revistas nacionais de grande renome e menção honrosa no XLVIII Encontro da ANPAD (2023). É bolsista no programa Agente Local de Inovação – Transformação Digital do SEBRAE/RJ, tendo atendido cerca de 70 empresas desde 2022. Ministra cursos nas áreas de Empreendedorismo, Estratégia Empresarial e Marketing. Tem graduação em Relações Internacionais pela Pontifícia Universidade Católica do Rio de Janeiro e graduação em Ciências Econômicas pela Universidade Federal do Rio de Janeiro. Tem experiência na área de Administração e Economia, com ênfase em Administração Financeira e Marketing, tendo já atuado principalmente nos seguintes temas: gestão financeira, plano de negócios, indicadores, modelagem financeira e empreendedorismo.

SUMÁRIO

APRESENTAÇÃO

"Raros são aqueles que enxergam com os próprios olhos e sentem com os próprios sentidos."

Albert Einstein

Nossa principal motivação para escrevermos esta obra foram nossos alunos, em especial os de cursos de graduação e de MBA para os quais lecionamos desde 2014, nas mais de 30 disciplinas com as quais já trabalhamos, principalmente na área de Administração. Foram eles que, no decorrer desses anos, sempre nos questionaram sobre o que envolve, afinal, "fazer" mestrado e doutorado. Essa pergunta tornou-se ainda mais recorrente, por parte dos alunos, a partir do momento em que passamos a atuar como professores em programas de mestrado e doutorado. À medida que a curiosidade dos alunos cresceu em relação a nossa própria jornada, passamos a perceber que escrever um livro sobre o assunto seria a melhor forma de responder a essa grande pergunta.

Esta não é uma tarefa fácil. Existem, de acordo com a CAPES (2022), mais de 4602 programas de mestrado e doutorado no Brasil (somando-se os programas acadêmicos e profissionais, englobando todas as áreas do conhecimento). Nosso livro não tem, portanto, a pretensão de englobar "tudo" o que envolve o ato de cursar um mestrado ou um doutorado, mas tem a missão de funcionar como um guia, como um norte, para que tanto os candidatos a estes programas quanto os alunos que já estão cursando tenham uma jornada de virtudes, possivelmente com menos vícios em seus processos. Foi assim, inclusive, que pensamos no título de nossa obra: "A Arte de "Fazer" mestrado e doutorado: Um guia para uma jornada virtuosa".

Com esse propósito em mente, trazemos no livro elementos do "antes", do "durante" e do "depois" do mestrado e doutorado. Organizamos nosso sumário e, portanto, nossa obra, a partir de grandes perguntas, tais como: quais são as principais dores e delícias da vida acadêmica? Como funcionam, em geral, os processos seletivos para mestrado e doutorado? De que forma é possível ter um melhor desempenho nas disciplinas, na leitura e na escrita acadêmica? Qual é o papel do(a) professor(a) orientador(a) nesse processo? De que forma você pode conduzir melhor sua pesquisa? Como funcionam, em geral, as bancas de qualificação e defesa? Quais são os principais desafios para a publicação de seu estudo? De que forma sua internacionalização e sua didática em sala de aula podem ser fatores estratégicos para a construção de sua carreira acadêmica?

Com essas questões em mente, e por meio de uma abordagem acadêmica e aplicada, procuramos, em grande medida, desvendar esta "caixa preta" dos cursos de mestrado e doutorado. Também defendemos que cursá-los pode ser um grande privilégio em nossas vidas, mesmo diante da complexidade dessa empreitada. Se, por um lado, ela desenvolve imensamente nossa capacidade de análise e nos ajuda na construção de redes duradouras com a ampliação de nossas oportunidades profissionais, por outro lado, acaba por adoecer muitos alunos, e a desmotivar outros tantos.

Nesse contexto, este livro é, sem dúvida, um convite para que façamos mestrado e doutorado, para que fujamos do senso comum (como na citação de Einstein), para que sejamos vistos como pensadores, e não como meros reprodutores de conteúdos e, principalmente, para que possamos transformar a realidade em que vivemos, por meio de um conhecimento verdadeiro, ainda que nunca esgotado ou completo, sobre as coisas.

Prezado leitor, seja você um interessado em cursar mestrado ou doutorado, seja você um aluno regular de algum programa, ou até mesmo um professor orientador, acreditamos que nossa obra ampliará sua compreensão sobre isso que estamos chamando de arte de fazer mestrado e doutorado. Defendemos que ao compreender as diretrizes aqui expostas, você terá maior probabilidade de êxito em suas atividades acadêmicas. Conte conosco nessa jornada e ótima leitura!

Marcello Romani-Dias
Aline dos Santos Barbosa
Lucas Baesso

Parte A:
DO PRÉ-INGRESSO

AS DORES E DELÍCIAS DA VIDA ACADÊMICA

O capítulo oferece uma visão geral da trajetória acadêmica, desde a graduação até a livre docência. Inicialmente, são apresentados os diferentes tipos de graduação: licenciatura, bacharelado e tecnólogo, com ênfase em suas durações e objetivos. Em seguida, são explorados os cursos de pós-graduação *lato sensu*, como MBAs e especializações, voltados para o mercado de trabalho com uma abordagem mais prática e abrangente.

A pós-graduação *stricto sensu*, que inclui mestrado e doutorado, é detalhada em termos de seu foco em pesquisa e importância para a formação de professores e pesquisadores, além de sua relevância no mercado de trabalho. O mestrado exige uma dissertação, enquanto o doutorado requer uma tese com maior contribuição científica. Também são mencionados o pós-doutorado, que oferece estágio avançado de pesquisa para doutores, e a livre docência, necessária em algumas instituições para alcançar o título de professor titular.

Por fim, são destacadas as diversas oportunidades da carreira acadêmica, além da docência, como gestão universitária, eventos científicos, consultorias e empreendedorismo. Também são abordados os níveis salariais de acordo com a progressão na carreira, que variam conforme a titulação e a experiência do professor.

OS DEGRAUS ACADÊMICOS

Caro leitor, este livro pode ser útil para diferentes públicos.

Professores e coordenadores poderão, por exemplo, utilizar algumas das diretrizes que trazemos nesta obra para facilitar o processo de orientação de seus alunos. É possível que alguns relatos aqui trazidos sirvam também para inspirar boas práticas para os programas de mestrado e doutorado, ainda que nosso foco de escrita esteja mais voltado para a jornada do aluno, e menos voltado para a visão institucional. Este é nosso principal público-alvo: o de alunos de mestrado e doutorado, sejam eles interessados, candidatos, cursistas (em curso) ou já formados pelos programas (egressos). É justamente por essa razão que nosso livro tem a complexa missão de tratar de elementos do "antes", do "durante" e do "depois" de se cursar mestrado ou doutorado.

Diante dessa missão, não podemos iniciar esta obra sem tratarmos do universo acadêmico. É fundamental que o leitor conheça os principais estágios acadêmicos e também as múltiplas possibilidades de atuação que tal carreira pode proporcionar. Fugiremos, então, do senso comum em nossas explicações sobre tal jornada. Antes de tratarmos das formas de atuação, tracemos um panorama sobre as principais titulações acadêmicas no contexto do ensino superior, guiando-nos pela Figura A-1.1. Para alguns, esta explicação pode ser bastante básica, porém é importante nivelarmos esse conhecimento para podermos avançar em outros tópicos posteriormente:

Figura A-1.1 - Degraus acadêmicos

Fonte: elaborada pelos autores, 2024.

Depois que o aluno conclui a escola (ensino básico) ele procurará uma graduação, que pode ser do tipo licenciatura, bacharelado ou tecnólogo. As Licenciaturas têm duração média de 4/5 anos e são voltadas principalmente para aqueles que desejam tornar-se professores no ensino básico dentro de alguma área, como Filosofia, História, Matemática, e assim por diante. O bacharelado, bastante voltado para o mercado de trabalho, e que procura um equilíbrio entre "teorias" e "práticas" (o motivo de usarmos as aspas pode ser explicado pela leitura de nosso capítulo sobre este assunto, mais adiante), também tem duração média de 4/5 anos, variando de acordo com a área escolhida (como exemplo, Administração tem duração média de 4 anos; Engenharia de Produção, duração média de 5 anos; e Medicina, duração média de 6 anos, elevando a média geral). Os tecnólogos, por sua vez, são caracterizados pelo estudo aplicado, em que os alunos aprendem as práticas de tópicos mais específicos para uma carreira, com a finalidade de atenderem às demandas do mercado de trabalho, como no caso de tecnólogos em Produção Alimentícia, Controle e Processos Industriais, Desenvolvimento Educacional e Social, entre outros. Têm duração média de 2/3 anos.

Passando para a fase seguinte, concluída a graduação, o aluno segue para um curso de pós-graduação, podendo ser este do tipo *lato sensu* ou *stricto sensu*. Essa explicação começa a ser mais relevante para os propósitos de nosso livro. Tais expressões, originárias do latim, significam sentido amplo e sentido estreito, respectivamente.

Os cursos de pós-graduação do tipo *lato sensu* são, em geral, apenas chamados de pós-graduação, o que acaba por confundir os interessados nesses cursos, pois o doutorado, por exemplo, também é uma modalidade de pós-graduação! Uma exceção a essa regra são cursos da área de Administração que recebem, digamos, nome próprio, denominados de MBA (*Master in Business Administration*), que apesar de receberem este nome de "*Master*", não são equivalentes a um mestrado no Brasil! Que confusão, não é mesmo? Parte dela decorre da tentativa de "importar" esses modelos de ensino dos Estados Unidos, mas esta é uma pauta para outra ocasião.

Cabe esclarecermos, apenas para concluirmos esse raciocínio, que os cursos de *MBA* são voltados, originariamente, para executivos com pelo menos cinco anos de mercado e que almejam assumir cargos de direção. Muitas instituições de ensino brasileiras passaram a distorcer esta lógica, e transformaram os cursos de MBA em, digamos, pós-graduação comum, isto é, sem exigir do candidato maior experiência de mercado e sem na prática serem voltados para os mais elevados cargos de gestão.

Independentemente de terem ou não terminologia própria, os cursos do tipo *lato sensu* são caracterizados por serem de caráter prático, voltados para a ascensão da carreira no mercado de trabalho, em que o sentido amplo significa ter contato com mais tópicos, porém sem o mesmo nível de aprofundamento, por tema, que ocorre em um mestrado ou doutorado. Em decorrência disso, nos *lato sensu* são ofertadas, em média, mais disciplinas do que no mestrado ou doutorado, ao mesmo tempo em que o trabalho de conclusão de curso (TCC) desse tipo de curso não tem, em geral, o mesmo peso de dedicação de uma dissertação de mestrado ou tese de doutorado. Ao final da pós *lato sensu,* é emitido ao aluno um certificado de especialista.

Mestrados e doutorados compõem, junto as figuras do pós-doutorado e da livre docência, o que nós chamamos de pós-graduação do tipo *stricto sensu*, sentido estreito, isto é, voltado para o desenvolvimento de poucos temas, não tão amplos, com maior grau de profundidade em cada tema. Esses cursos têm, portanto, menos disciplinas e maior foco na pesquisa que está sendo desenvolvida pelo aluno. São cursos fundamentais para formar professores do ensino superior e, ao mesmo tempo, pesquisadores, o que não afasta o fortalecimento dos currículos também para o mercado de trabalho. O mestrado dura em média dois anos, e o doutorado quatro ou cinco anos, a depender da área. A título de ilustração, o marco conceitual e regulatório da pós-graduação (CAPES, 2022), original de 1965, define do seguinte modo essas modalidades: "Do candidato ao mestrado exige-se dissertação, sobre a qual será examinado, em que revele domínio do tema escolhido e capacidade de sistematização; para o grau de Doutor requer-se defesa de tese que represente trabalho de pesquisa importando em real contribuição para o conhecimento do tema" (Brasil, Parecer nº 977/65, 1965, p. 11).

Pelo texto do parecer, publicado pelo Ministério da Educação, nota-se que não é tão simples diferenciarmos o mestrado do doutorado, a não ser por aspectos como duração e maior contribuição esperada dos trabalhos de doutorado, seja ela teórica, gerencial ou social, por exemplo. Aqueles que tiverem o interesse em ler esse parecer na íntegra, notarão que a decisão sobre a necessidade de se instituir um mestrado no Brasil foi bastante polêmica nessa época, pois houve quem defendesse que essa modalidade não seria necessária ou mesmo contributiva diante da presença do doutorado. Também por essa polêmica, em trecho seguinte o parecer relativiza um pouco a relação jurídica de ambas as modalidades: "A pós-graduação compreenderá dois níveis de formação: mestrado e doutorado. Embora hierarquizados, o mestrado não constitui condição indispensável à inscrição no curso de doutorado" (Brasil, Parecer nº 977/65, 1965, p. 11).

Neste momento, o leitor deve estar se perguntando se é possível ingressar em um doutorado sem passar pelo mestrado? A resposta consta no próprio trecho que destacamos acima (e é positiva), porém, apesar de ser juridicamente possível, não é comum, no caso brasileiro, que os programas aprovem candidatos para cursar o doutorado sem que estes tenham passado pelo mestrado. Conhecemos algumas exceções de profissionais com ampla experiência docente e/ou de mercado que foram convidados diretamente para o doutorado, mas para investigações mais profundas sobre este tópico sugerimos que o leitor conheça as peculiaridades de sua área de interesse, pois isso variará bastante conforme campo do conhecimento. De nossa parte recomendamos que o mestrado seja realizado antes da tentativa de ingresso do aluno no doutorado, por entendemos que a realização das duas modalidades tende a formar melhor o indivíduo.

Tanto o mestrado quanto o doutorado podem ser realizados na modalidade acadêmica ou na modalidade profissional. Juridicamente os títulos (de mestre ou de doutor) têm a mesma validade, tanto no modo acadêmico quanto no modo profissional. Entretanto, existem peculiaridades quanto aos objetivos dos cursos. Vejamos o que traz a CAPES a esse respeito: "O mestrado acadêmico visa, primordialmente, o preparo de profissionais para atuação na docência superior e na pesquisa acadêmica. O mestrado profissional é voltado para a capacitação de profissionais, nas diversas áreas do conhecimento, mediante o estudo de técnicas, processos ou temáticas que atendam a alguma demanda do mercado de trabalho. (CAPES, 2022). Pensamento análogo pode ser aplicado na comparação entre o doutorado acadêmico e o doutorado profissional. Destacamos, novamente, que apesar dos desenhos serem diferentes, juridicamente os títulos têm igual valor, então cabe ao candidato a reflexão sobre qual curso será mais contributivo para o alcance de seus objetivos pessoais.

Após concluir seu doutorado o candidato pode, juridicamente, candidatar-se a um pós-doutorado, que de forma resumida é caracterizado como um período, ou estágio, de estudo e pesquisa realizado por um portador de título de doutor em instituição de ensino superior, o que lhe permitirá o desenvolvimento de sua competência de pesquisa e de suas habilidades acadêmicas. O INPI (Instituto Nacional da Propriedade Industrial), no âmbito do Ministério da Economia, traz boa explicação sobre a figura do pós-doutorado: "Esse estágio consiste na realização de atividades de pesquisa, produção acadêmica e/ou docência, conforme o plano de atividades combinado em comum acordo com o professor responsável (denominado supervisor). Ao contrário do que acredita o senso comum, Pós-doutorado não é um título acadêmico; a maior titulação existente é o doutorado ou o seu equivalente, Ph.D. Por esse motivo, as atividades do estágio Pós-doutoral são mais livres do que as do mestrado e do doutorado, e o supervisor tem autonomia para decidir os requisitos necessários para a integralização das atividades" (INPI, 2020).

Caro leitor, já vimos pós-doutorados sendo realizados em seis meses e já vimos Pós-doutorados levarem até cinco anos. Em geral, o pós-doutorando não cursa disciplinas e utiliza a maior parte do tempo de seu estágio para o desenvolvimento de pesquisa de contribuição científica significativa. As regras dos pós-doutorados variam bastante de instituição para instituição, mas para te trazermos um melhor direcionamento com nossa explicação. Pós-doutorados costumam durar entre um e dois anos e são, por vezes, concluídos mediante a submissão ou publicação de artigo derivado deste período de estágio. Apesar de não ser um título oficial, o pós-doc (ou *postdoc*), como usualmente é chamado, é estratégico para a publicação do aluno e para sua construção de redes acadêmicas, especialmente quando é realizado em outro país (trataremos mais da internacionalização no Capítulo 3 – Parte C).

A livre docência tem certas familiaridades com o pós-doutorado, mas diferencia-se, por exemplo, por ser direcionada para aqueles que almejam a obtenção do título de professor titular, o mais alto cargo na carreira dos professores. Isso ocorre na esfera de algumas instituições públicas, como Universidade de São Paulo (USP), Universidade Estadual de Campinas (Unicamp) e Universidade Estadual Paulista (Unesp), segundo a Associação Nacional de Pós-Graduandos (ANPG, 2018), que também afirma que a livre docência perdeu força porque atualmente parte substancial dos concursos permite a participação de professores adjuntos em concursos para professores titulares (vamos tratar das gradações dos professores mais adiante). De todo modo, trata-se de mais um nível que nos ajuda a reconhecer a competência acadêmica de um professor.

A CARREIRA ACADÊMICA E SUAS MÚLTIPLAS POSSIBILIDADES

Se você está com nosso livro em mãos ou lendo na telinha, você já deve ter se perguntado sobre quais são as frentes de atuação da carreira acadêmica. Será que a atividade de ensino é a única que faz parte de nossa jornada? Nossos salários são próximos? O que, afinal, compõe essa carreira? Tentaremos nessa seção endereçar tais questões.

Nossos salários não são próximos. Nossa atuação varia consideravelmente. Nosso grau de dedicação entre atividades de ensino, pesquisa e gestão idem. O mesmo vale para nossa qualidade de vida e para nosso reconhecimento profissional.

Quando ingressamos em um programa de mestrado, é comum acreditarmos que estamos sendo preparados exclusivamente para nos tornarmos professores. No entanto, essa percepção inicial logo se amplia à medida que descobrimos a diversidade de possibilidades que compõem a carreira acadêmica. Além de atuar como docente, o acadêmico pode se dedicar à pesquisa, escrever livros e artigos, ministrar palestras e *workshops*, e até mesmo atuar em consultorias. Outros caminhos incluem a organização de eventos científicos, a participação em processos seletivos, seja em universidades ou empresas privadas, e a produção de conteúdo educacional em videoaulas, *podcasts* e apostilas.

A gestão universitária é outro importante campo de atuação, no qual o professor pode assumir cargos de coordenação, direção ou reitoria, além de atuar como gestor em secretarias, órgãos públicos e associações. Essa vertente administrativa permite ao acadêmico utilizar sua experiência em políticas públicas ou no setor privado, ampliando o impacto de suas habilidades. Muitos docentes também exploram o empreendedorismo no setor educacional, criando empresas focadas em cursos ou outras iniciativas de ensino inovadoras, mostrando que a carreira acadêmica pode transcender a sala de aula.

Figura A-1.2 - Caminhos da carreira acadêmica

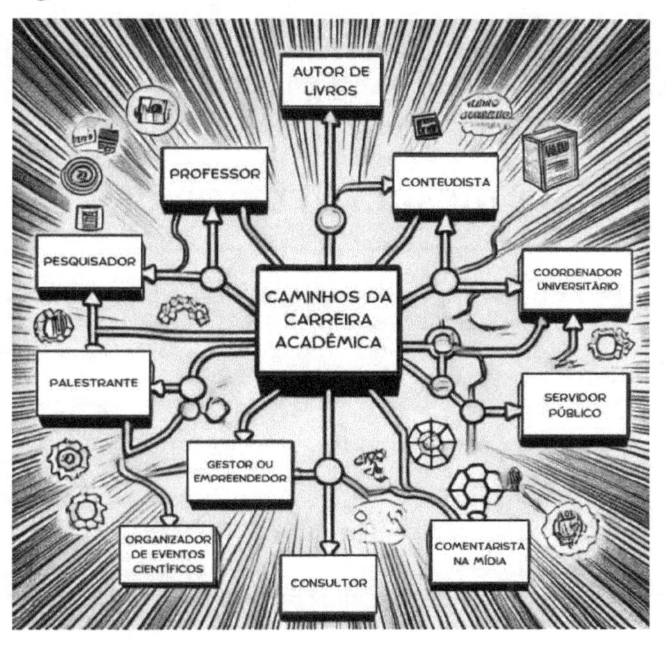

Fonte: elaborada pelos autores, 2024.

No que diz respeito à remuneração, os professores de universidades públicas no Brasil seguem uma escala baseada em titulação e tempo de serviço. Em início de carreira, como assistentes, os salários variam entre R$ 4.000,00 e R$ 6.000,00. Ao progredirem para o cargo de professor adjunto, a remuneração pode alcançar entre R$ 8.000,00 e R$ 11.000,00. No ápice da carreira, os professores titulares, com grande experiência e responsabilidades, podem receber de R$ 15.000,00 a R$ 22.000,00, de acordo com dados divulgados por portais de transparência e pela legislação que regulamenta a carreira docente (Brasil, 2025).

Como vimos, a carreira acadêmica oferece uma infinidade de caminhos e oportunidades que vão muito além da docência. Ao explorar diferentes áreas, como a pesquisa, a gestão universitária, a consultoria e o empreendedorismo, o acadêmico pode expandir sua atuação e impacto na sociedade. Essa versatilidade, somada a uma trajetória salarial que acompanha o crescimento profissional, torna a carreira no meio acadêmico não só desafiadora, mas também repleta de possibilidades de realização pessoal e profissional. É, portanto, uma jornada de constante aprendizado e adaptação, que se molda de acordo com as escolhas e ambições de cada indivíduo.

INDICAÇÕES CULTURAIS

	**Lei nº 9.394/1996, conhecida como Lei de Diretrizes e Bases da Educação Nacional (LDB).** Essa legislação estabelece as diretrizes gerais para a organização da educação no Brasil, incluindo disposições sobre a educação superior, etapas de formação, e aspectos da pós-graduação.
	Para mais informações detalhadas sobre a estrutura e regulamentação da pós-graduação no Brasil, consulte o portal da Coordenação de Aperfeiçoamento de Pessoal de Nível Superior (CAPES), disponível em www.gov.br/capes.

TESTE SEUS CONHECIMENTOS

Sobre os caminhos da carreira acadêmica, assinale a alternativa incorreta:

a) Ser professor(a) é apenas uma das possibilidades da carreira acadêmica.

b) A carreira acadêmica pode envolver a escrita de artigos e livros, enquanto pesquisador(a).

c) A atividade de consultoria não faz parte do leque de opções destinado àqueles que seguem uma carreira acadêmica.

d) A gestão de universidades é uma das vertentes possíveis para uma carreira acadêmica de sucesso.

ATIVIDADE DE AUTOAPRENDIZAGEM E PLANEJAMENTO

Quais são seus maiores interesses nos múltiplos caminhos da carreira acadêmica?

RELACIONAMENTO COM A COMUNIDADE ACADÊMICA

Neste capítulo, abordamos a importância dos relacionamentos na comunidade acadêmica para o sucesso em mestrado e doutorado. Essa comunidade é composta por públicos internos e externos, com os quais o aluno interage diretamente, como orientadores, professores e avaliadores de artigos. A maioria desses agentes tem uma hierarquia superior, influenciando significativamente a trajetória do aluno, tornando a gestão desses relacionamentos fundamental para o êxito acadêmico.

Entre os agentes internos, o orientador é o mais importante, acompanhando o aluno durante toda a jornada acadêmica e auxiliando em seu futuro profissional. Os professores das disciplinas ampliam a visão científica do estudante, influenciando seu progresso, enquanto a coordenação do programa e a secretaria cuidam da gestão de processos, demandando uma relação ética e estratégica com o aluno.

Já os agentes externos, como os membros das bancas de qualificação e defesa, trazem contribuições críticas para o trabalho do aluno. Os avaliadores de artigos também têm papel crucial, assegurando a qualidade das publicações. A relação com esses agentes deve ser baseada no respeito e na humildade intelectual, pois eles podem influenciar no sucesso ou no fracasso do estudante no cenário acadêmico.

OS PÚBLICOS DA COMUNIDADE ACADÊMICA

Neste capítulo de nosso livro, trataremos de uma pauta fundamental para o sucesso na jornada dos alunos de mestrado e doutorado: o relacionamento com a comunidade acadêmica. Para isso, precisamos compreender os principais integrantes dessa comunidade, bem como a importância de cada integrante no processo do aluno.

Antes de entrarmos em cada um desses agentes, devemos ter em mente que a área acadêmica pode ser tão ou mais pautada por relacionamentos do que o ambiente corporativo tradicional, como o de uma empresa multinacional, por exemplo. Podemos organizar os agentes em público interno e público externo, para fins didáticos. Vamos entender o público interno como sendo aquele que está no ambiente da instituição de ensino em que o aluno cursa seu mestrado ou doutorado, e o público externo como sendo aquele que está no ambiente de outras instituições. Para fins didáticos, neste capítulo trataremos somente de agentes com os quais o aluno tem maior possibilidade de interagir diretamente, mesmo diante de situações de anonimato, como com os avaliadores de artigos. Não temos aqui o objetivo de exemplificar todos os públicos possíveis.

Esses atores, ou agentes, costumam ter algo em comum: têm uma relação hierárquica vertical com o aluno, isto é, podem, por vezes, determinar ou influenciar se a jornada do estudante será bem-sucedida ou não. Relações do tipo horizontal são aquelas entre pessoas que têm poder similar, como na relação entre um aluno com outro, mas notem que esse tipo de relação é menos frequente para o aluno de mestrado e doutorado. O que acaba acontecendo, de fato, é que ele tem que lidar muito mais com pessoas e entidades que têm mais poder que ele nesse processo, e isso não é muito simples de se fazer.

Trazendo um exemplo rápido, imagine um aluno que se formou no doutorado e que na sequência participou de um concurso para ser professor em uma Universidade Federal ou, então, pensem em um aluno que deseja convidar um professor referência em sua área para sua banca de qualificação ou defesa final. Se a relação com estes públicos não for bem estabelecida pelo estudante postulante a um cargo docente ou a uma aprovação em banca, possivelmente ele não terá grandes êxitos em sua trajetória acadêmica. Vamos traçar uma síntese dos principais agentes que se relacionam com o aluno de mestrado e doutorado, e depois traremos mais detalhes sobre como esses relacionamentos podem ser frutíferos:

Figura A-2.1 - Principais integrantes da comunidade acadêmica

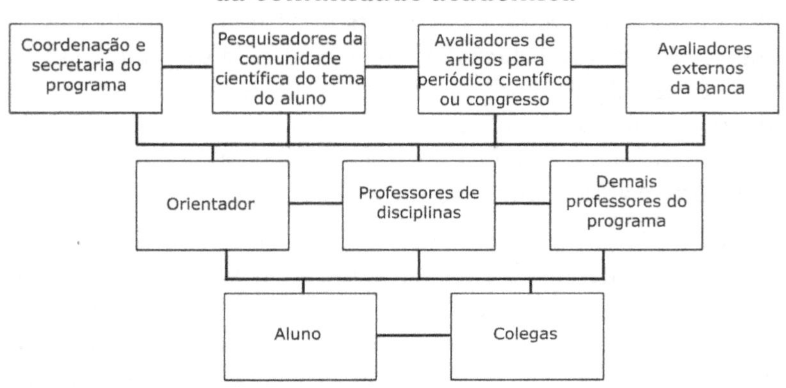

Fonte: elaborada pelos autores, 2024.

Iniciemos nossa análise com os agentes internos, caracterizados por serem aqueles que interagem com maior frequência com o estudante de mestrado ou doutorado.

OS PRINCIPAIS AGENTES INTERNOS

Trataremos, no Capítulo 4 – Parte B, sobre a relação do aluno com seu orientador, devido a importância fundamental desse agente, mas, já podemos adiantar, que o orientador pode levar o aluno "do céu ao inferno", e vice-versa, e por isso o consideramos o mais importante agente entre aqueles que se relacionam com o aluno. Ele é o agente com o qual você terá que lidar, em geral, desde o início até o final de sua jornada no mestrado ou doutorado (salvo exceções de programas que designam orientadores quando o aluno já se encontra na posição de veterano no curso). Destacamos, então, que a figura do orientador é muito diferente da figura dos professores das disciplinas ou dos demais professores do programa, com os quais, em geral os diálogos são pontuais.

Além disso, o orientador é uma pessoa que poderá ser responsável por te abrir portas no futuro da carreira acadêmica, seja para te recomendar para um cargo de professor, seja para te ajudar a publicar sua dissertação de mestrado ou tese de doutorado. Esse relacionamento deve ser visto, portanto, como sendo de médio a longo prazo, às vezes durando uma vida inteira de produções, e às vezes, é verdade, durando poucos meses (como já vimos acontecer quando problemas de relacionamento destruíram tal relação, como destacaremos no Capítulo 4 – Parte B, que trata diretamente da relação entre o aluno e seu orientador).

Outro importante agente são os professores que ministram aulas nas disciplinas que você precisa cursar em seu mestrado ou doutorado. Eles são fundamentais, entre outros aspectos, para ampliar sua visão sobre o que é a academia, posto que não existe uma única forma certa de se enxergar o pensamento científico e filosófico, de modo que tomar contato com diferentes professores é fundamental para uma formação mais rica do aluno.

De forma mais pragmática, também podemos dizer que sem a aprovação nas disciplinas ninguém se forma em um programa sério de mestrado e doutorado, de modo que mesmo não convergindo com as ideias de alguns desses professores você terá que passar por suas avaliações, fato que já justifica a boa relação que deve ser construída, pautada pelo respeito e pela busca de conhecimento verdadeiro sobre diferentes temáticas. Devemos lembrar, também, dos professores do programa como um todo, que podem compor diferentes comissões que geram benefícios para os alunos, como comissões de distribuição de bolsas de estudo integrais ou parciais, comissões de internacionalização (que podem apoiar no envio do estudante para estágio no exterior) e comissões de pesquisas que necessitem de assistentes via remuneração e possibilidades de coautorias em obras acadêmicas.

Trazendo essa pauta para uma relação mais horizontal, podemos destacar também a enorme importância dos colegas que cursam o mestrado ou doutorado com o aluno. Não devemos subestimar a importância destas relações, que por vezes passam a ter a força de amizades duradouras, como em nosso próprio caso no decorrer de nosso doutoramento na Fundação Getulio Vargas (EAESP/FGV). O processo acadêmico tende a ser muito duro e solitário, posto que ninguém pode escrever sua dissertação e tese por você. Essa realidade aumenta a necessidade de, nos momentos apropriados, contar com amigos, tanto para momentos de descontração, quanto para trocas de ideias sobre seus temas de pesquisa e conteúdos de disciplinas (sobre esse ponto, devemos sempre lembrar que seres humanos têm diferentes tipos de inteligência, então, em geral, o melhor caminho é juntarmos as melhores habilidades de cada um na construção do pensamento).

Ao mesmo tempo em que já notamos muitas pessoas terem problemas de saúde nesse processo, também em decorrência da solidão, já vimos colegas passando por uma jornada virtuosa por poderem contar com verdadeiros amigos nessa fase, digamos, peculiar da vida. Em complemento, devemos ter em mente que as famílias, amigos e companheiros não conhecem, em geral, a lógica do universo acadêmico, o que aumenta ainda mais a necessidade de dialogarmos com pessoas que também estão vivendo algo parecido com a experiência que estamos tendo. Nossa grande sugestão é: compartilhem com seus amigos suas vitórias e angústias da academia!

Dando sequência à nossa análise, jamais devemos subestimar a importância da coordenação de nosso programa de mestrado e doutorado e da secretaria que dele faz parte. Como sabemos, eles são os principais responsáveis pela gestão do programa, cuidando, portanto, de uma série de processos. A relação do aluno com o programa precisa ser muito ética, ao mesmo tempo em que devemos lembrar que toda relação humana tem sua melhor forma de ocorrer. Não estamos falando de máquinas, e sim de pessoas, de modo que elas podem tornar-se mais ou menos flexíveis com determinados alunos a depender do histórico daquela relação. Quando um aluno precisar de algum grau de flexibilidade na entrega de um documento na secretaria, por exemplo, perceberá a importância do tópico de que estamos tratando.

A figura do coordenador do programa é igualmente importante, tanto pelo poder decisório do qual dispõe, que não é pouco nesse contexto, quanto por ser, geralmente, um professor com grande experiência acadêmica.

Figura A-2.2 - Um olhar estratégico para o futuro

Fonte: elaborada pelos autores, 2024.

Em nossa fase de estudantes de mestrado e doutorado tivemos, por exemplo, a alegria de lidarmos com grandes coordenadores, que trouxeram ótimas sugestões para nossas pesquisas e que serviram, de certo modo, até como mentores de nossas carreiras acadêmicas, além, claro, de facilitarem alguns processos excessivamente burocráticos que fazem parte das instituições de ensino. É necessário, portanto, que os alunos tenham um olhar estratégico, de futuro, em seu relacionamento com esses agentes.

OS PRINCIPAIS AGENTES EXTERNOS

Se tomarmos como exemplo a área de Administração, notaremos que o período regular para a realização de um mestrado é de dois anos, e de um doutorado é de quatro anos. Isso ocorre, grosso modo, pela complexidade daquilo que se espera do candidato, isto é, do grau de ineditismo e maior contribuição esperados de um doutorando. De todo modo, ambos os cursos são marcados por rituais de passagem, entre os quais podemos destacar as bancas, sem as quais o aluno não pode concluir seu curso, e sem as quais não é possível alcançar o título de mestre ou doutor. As bancas são, em geral, divididas em dois momentos: qualificação e defesa final.

Simplificando um pouco esse processo para fins didáticos, na banca de qualificação, vista como um tipo de "banca de meio termo" o aluno terá como resultado a possibilidade de seguir com sua proposta de pesquisa ou de refazer seu desenho, sendo que ele deverá ser aprovado nessa banca para poder candidatar-se para a banca final, em que efetivamente defenderá sua pesquisa completa, e após a qual, ao ser aprovado, conquistará o título de mestre ou doutor (desde que atendidos os demais critérios para conclusão de curso do programa em que está matriculado, como ter créditos de disciplinas cursadas, ou até mesmo, no caso de alguns programas, submissão ou aprovação de artigos acadêmicos e testes de proficiência no idioma inglês, que podem servir tanto como critério de entrada quanto como condição para conclusão de curso).

Teremos um capítulo específico nesta obra para tratarmos das bancas de mestrado e doutorado, mas neste momento precisamos destacar que a banca, especialmente a de defesa, é composta por membros internos e por membros externos, isto é, por professores que atuam na mesma instituição de ensino do aluno e por professores que atuam em outras instituições de ensino e que são convidados para a banca para trazer maior independência, e de certo modo isonomia, para este processo.

MOMENTO DO CASO REAL

Chegou o grande dia. Samantha (nome fictício) parecia estar pronta para enfrentar uma difícil banca de qualificação de sua dissertação de mestrado. O projeto havia sido enviado com antecedência aos professores, sua apresentação oral havia sido ensaiada, a sala havia sido reservada e tudo parecia correr bem. Como manda o ritual de bancas, Samantha apresentou seu trabalho em cerca de 15 minutos, conforme havia alinhado com seu orientador, e depois de sua apresentação o presidente da banca passou a palavra para uma das professoras que compunha a banca de avaliação. Eis que as primeiras palavras da professora foram as seguintes: "Samantha, você deveria passar menos tempo no cabeleireiro e mais tempo se dedicando para sua dissertação de mestrado, pois seu trabalho está muito fraco".

Figura A-2.3 - O caso de Samantha

Fonte: elaborada pelos autores, 2024.

Dali em diante, tudo parecia desmoronar para Samantha, que ouviu com respeito a todos os apontamentos feitos pelos professores no restante da banca, mas sem o habitual brilho no olhar. Por fim, e com muita dificuldade, seu trabalho foi aprovado com uma série de ressalvas. Samantha, dedicada que era, soube lidar com essa difícil situação com humildade e sabedoria. Preferiu responder ao comentário da professora trabalhando com afinco para sua banca de defesa final.

Ao final de seu processo de mestrado, Samantha ganhou um prêmio em congresso, com artigo derivado de sua dissertação, publicou sua obra em importante revista nacional e foi aprovada em sua banca de defesa, tendo que lidar pela segunda vez com a mesma professora. Ao final de seu processo, Samantha incluiu essa professora na seção de Agradecimentos de sua dissertação de mestrado.

Moral da história: na academia, a melhor resposta é o trabalho duro, e quando ele está sendo realizado, o tempo será seu aliado, mesmo diante de situações injustas como a que essa aluna enfrentou. A verdade é que Samantha mal tinha tempo para cuidar de si, mas preferiu responder por meio do trabalho, e não tentando convencer a professora, que mal a conhecia, do quão absurdo era aquele comentário.

Existem alguns desafios nesse relacionamento com os membros externos, tanto pelo fato de que, em geral, o aluno não os conhece previamente, quanto pelo fato de que estes professores participam da banca com a missão de destacar as fragilidades que estão presentes no trabalho do aluno.

Talvez a melhor recomendação que podemos fazer para os alunos de mestrado e doutorado em relação a esses membros externos seja apresentar-se a eles adequadamente, com o devido respeito e formalidade (ao menos nos primeiros contatos), tanto via meios remotos quanto presencialmente, e pesquisar seu currículo acadêmico (por exemplo pela plataforma de currículos acadêmicos denominada Lattes – lattes.cnpq.br), especialmente para conhecer melhor as publicações e os temas de interesse desses professores. Além disso, caso o sentimento seja verídico, incluir o nome desses professores na seção de agradecimentos de sua dissertação de mestrado ou tese de doutorado pode ser um bom caminho de construção de relacionamento.

Além dos membros da banca, os avaliadores de congressos e de periódicos científicos (revistas acadêmicas) são agentes fundamentais para uma jornada virtuosa do aluno de mestrado e doutorado. Os artigos estão entre os principais produtos desses processo, ao mesmo tempo em que tanto a academia brasileira quanto a internacional tem sido cada vez mais exigente na publicação de artigos em congressos e revistas de grande qualidade científica (trataremos mais da publicação em si no Capítulo 1 – Parte C).

Em geral, a avaliação de nossos artigos é feita em um processo de revisão às cegas, em que o avaliador não sabe quem escreveu o artigo e os autores não sabem quem avaliou o trabalho. Posto de outro modo, trata-se de uma relação anônima entre as partes envolvidas. Aqui nossa grande recomendação é a de que o aluno conserve sua humildade intelectual, pois com certeza receberá críticas severas sobre seu trabalho por parte de avaliadores, que muitas vezes podem ser até desrespeitosas. Esse não é um processo fácil de ser assimilado, pois o anonimato, por vezes, traz para os avaliadores dos artigos um sentimento de grande poder sobre seus próprios comentários. Caso o artigo do aluno vá, por exemplo, para uma segunda rodada de avaliação em uma revista, é fundamental escrever uma boa carta de resposta aos editores, e também aos avaliadores (mantendo a relação anônima com estes últimos).

Lembre-se sempre de que esses avaliadores têm de fato o poder de barrar seu artigo, ao mesmo tempo em que podem ser peça fundamental para seu sucesso. Enxergue-os, portanto, como importantes *gatekeepers*, que em português poderiam ser entendidos como "os guardiões do portal acadêmico". Ao passar por esse portal, você terá um maior sentimento de que uma importante missão foi cumprida, a de te colocar no cenário dos autores/escritores/pesquisadores/pensadores acadêmicos.

Figura A-2.4 - Os avaliadores como gatekeepers

Fonte: elaborada pelos autores, 2024.

Trazendo um tópico mais avançado, que nem sempre é fruto de reflexão dos alunos, é fundamental que você conheça a comunidade científica do tema com o qual está trabalhando em sua pesquisa, seja ele "negócios sociais", "internacionalização de empresas", "violência contra as mulheres", "*burnout* em instituições de ensino", e assim por diante.

Caro leitor, lembre-se de que cada tema é um universo, um grande e ao mesmo tempo peculiar universo, portanto generalizações sobre esses universos são muito perigosas. Posto de outro modo, se estou trabalhando com Negócios Sociais, preciso compreender como "a tribo" que estuda esse tema enxerga as diferentes revistas da área, os possíveis métodos de pesquisa dentro da temática, as melhores oportunidades de futuras pesquisas, os autores mais consagrados, e assim por diante. Recomendamos fortemente que você não entre com profundidade em uma temática antes de ter esse conhecimento prévio, que poderá vir de conversas com seu orientador (que por vezes é também um membro de tal comunidade do tema), leitura de artigos da área e contato direto com autores da temática (dica: para essa finalidade, sugerimos que você se inscreva como pesquisador no researchgate.net, mídia social que conecta pesquisadores, e obras acadêmicas, do mundo todo).

Em síntese, essas comunidades ou tribos têm culturas próprias, que devem ser conhecida pelo pesquisador. Têm seus próprios valores, crenças, normas e hábitos, que apesar de nem sempre serem explícitos, podem ser assimilados pelo pesquisador. Ao não conhecermos esses elementos corremos o risco de falarmos em nossas obras somente sobre aquilo que é óbvio, ou sobre aquilo que mesmo não sendo óbvio, já está ultrapassado dentro das discussões da comunidade, inclusive quanto aos métodos de investigação. Esses são riscos reais vividos por todo aluno de mestrado e doutorado.

Caro leitor, procuramos neste capítulo trazer reflexões e recomendações para que você possa conduzir um relacionamento saudável e duradouro com os diferentes agentes que comporão seu universo no decorrer de seu mestrado ou doutorado. Apesar de trazer em nosso texto uma visão um tanto quanto prescritiva, entendemos que tais relações possam ser conduzidas de forma agradável, genuína e verdadeira, posto que cada um desses relacionamentos tem enorme potencial para que nos transformemos em versões melhores de nós mesmos.

INDICAÇÕES CULTURAIS

	**Lattes - Plataforma de Currículos Acadêmicos (lattes.cnpq.br).** Plataforma essencial para quem deseja explorar a trajetória de pesquisadores e se conectar com a comunidade acadêmica, bem como para entender as publicações, colaborações e redes de conhecimento.
	**"A Rede Social" (2010).** Duração: 121 min. Embora o filme trate da criação do Facebook, ele revela dinâmicas de poder, colaboração, competição e relacionamentos no ambiente universitário e acadêmico.

TESTE SEUS CONHECIMENTOS

Qual das seguintes afirmativas melhor descreve a importância dos relacionamentos na comunidade acadêmica durante a jornada de mestrado ou doutorado?

a) Relacionamentos com orientadores são fundamentais, mas a relação com colegas de turma tem maior impacto no sucesso acadêmico.

b) A relação com professores de disciplinas é mais importante do que com orientadores, pois eles determinam diretamente a aprovação do aluno.

c) O sucesso no mestrado ou doutorado depende unicamente das habilidades acadêmicas individuais do aluno, e não dos relacionamentos estabelecidos.

d) A gestão dos relacionamentos com orientadores, colegas, e avaliadores externos pode determinar o sucesso acadêmico, devido à hierarquia e influência desses agentes no processo.

ATIVIDADE DE AUTOAPRENDIZAGEM E PLANEJAMENTO

Quais são os principais agentes acadêmicos que podem influenciar sua jornada de mestrado ou doutorado, e que ações você pode adotar para fortalecer esses relacionamentos ?

LIDANDO COM "TEORIAS" E "PRÁTICAS"

O senso comum costuma separar teoria de prática, tratando a teoria como algo distante da realidade e a prática como parte do cotidiano. Neste capítulo, discutimos como esse entendimento equivocado é reproduzido por muitos alunos de mestrado e doutorado, que enxergam a teoria de forma depreciativa. No entanto, uma boa teoria é essencial na jornada acadêmica, oferecendo explicações profundas e sendo indispensável para a construção do conhecimento rigoroso.

Teorias fortes, como a da gravidade, possuem poder explicativo, preditivo e de generalização, mostrando-se úteis em diversos contextos "da vida real". Essas características tornam as teorias instrumentos valiosos, capazes de prever e explicar fenômenos. Contudo, nem todas as pesquisas acadêmicas precisam de grandes teorias para serem validadas, como demonstram algumas teses premiadas pela CAPES.

A escolha da teoria adequada é crucial para o sucesso da pesquisa, mas seu uso pode variar conforme a área de estudo e o fenômeno investigado. Em ciências sociais, por exemplo, as teorias nem sempre apresentam os mesmos níveis de predição ou generalização das ciências exatas. Ainda assim, o domínio teórico é essencial para guiar a pesquisa e contribuir para a prática, ajudando o pesquisador a descobrir novas dimensões de seu objeto de estudo.

OS PERIGOS DO SENSO COMUM

Quem faz mestrado e doutorado precisa lidar com diversas teorias no decorrer do curso, tanto nas disciplinas quanto na construção da própria dissertação ou tese. Entendemos que se o aluno não tiver uma clareza mínima sobre o que é uma teoria terá grandes dificuldades em sua jornada acadêmica. Optamos, então, por incluir esse assunto em nosso livro.

Certa vez o psicólogo alemão Kurt Lewin fez a seguinte afirmação: "Nada é mais prático do que uma boa teoria". Ora, o que será que ele quis dizer com isso? Teoria não é uma coisa, e prática, outra?

Bem, na verdade não necessariamente. O senso comum acaba por fazer uma separação entre o que é teoria e o que é prática, em que a teoria acaba sendo vista, por vezes, como uma grande "viagem fora da realidade", e a prática como algo relacionado ao nosso dia a dia, por meio de rotinas e hábitos, por exemplo. Com base nessa lógica no mínimo imprecisa, já ouvimos, muitas vezes, alunos fazendo afirmações do tipo "professor(a), essa leitura é muito teórica", quase como sendo sinônimo, na fala deles, de algo desinteressante, doloroso, desfocado da realidade. Já nos deparamos, também, com situações em que pessoas diziam que tal professor era "muito teórico", em tom, de certo modo, depreciativo. Caro leitor, Albert Einstein foi um grande teórico da Física. Será que sua teoria da relatividade geral, por exemplo, não tem aplicações práticas? Voltaremos a trajetória desse grande físico, e professor, mais adiante em nossa obra, mas note, desde já, que associarmos a noção de teoria a algo depreciativo é, na melhor das hipóteses, um descuido.

Esse descuido ocorre quando alunos de mestrado e doutorado não fogem daquilo que chamamos de senso comum, tópico bastante estudado na Filosofia. Senso comum pode ser explicado como a crença que um grande grupo de pessoas tem sobre algo, sem que seja realizada de fato uma investigação científica para determinar se esta crença tem ou não embasamento científico. Estamos cercados de senso comum em nosso convívio social, como em pensamentos populares do tipo "Deus ajuda quem cedo madruga" e "sonhar não custa nada". Um dos perigos do senso comum está no fato de que ele pode ser transmitido de geração para geração. Permitam-nos uma brincadeira seguida de uma análise. No caso do primeiro pensamento, será que o guarda noturno, que descansa de dia e trabalha de noite, não será ajudado por Deus por não "madrugar cedo"? Já no caso do segundo pensamento, notamos que a noção de custo utilizada pelo senso comum está atrelada somente aos aspectos financeiros, mas sonhar gera expectativas, esforços para tornar o sonho realidade, elementos que também podem ser caracterizados como um tipo de custo, não é mesmo? Argumentamos, então, que sonhar pode não ser exatamente "de graça". Criar a expectativa de realizar o sonho pode ser um custo grande, ainda que não necessariamente um custo monetário.

OS PODERES DAS TEORIAS FORTES

Feita essa explicação sobre o senso comum, retornemos para a lógica científica. Imagine a situação de uma pessoa segurando um lápis. Parece-nos verdadeiro o conhecimento de que se essa pessoa soltar o lápis em direção ao chão ele cairá. O mais interessante é que existe uma teoria que trata dessa queda, a consagrada teoria da gravidade.

Figura A-3.1 - Ilustração para exemplificar a teoria da gravidade

Fonte: elaborada pelos autores, 2024.

Retornamos, nesse momento, ao nosso questionamento inicial: será que uma teoria pode ser prática? A essa altura você provavelmente respondeu que sim, e acertou. Uma boa teoria procura explicar a realidade e seus inúmeros fenômenos, como faz a teoria da gravidade, e em geral tem três grandes poderes: preditivo, explicativo e de generalização.

No caso da queda da caneta, antes mesmo de a pessoa soltá-la já sabemos que ela cairá caso a ação de soltar ocorra. Este é o poder preditivo da teoria, isto é, ela consegue prever determinados efeitos de uma causa. Nesse caso, o efeito é a queda e a causa eficiente o ato de soltar a caneta feito pela pessoa (para que possam conhecer os tipos de causa, sugerimos a leitura sobre a teoria de Aristóteles, em tradução de Angioni (2008), sobre as quatro grandes causas: material, eficiente, formal e final).

Além do poder preditivo, a teoria da gravidade tem grande poder de explicação, que permite, inclusive, cálculos referentes à velocidade de queda, tempo de queda, aceleração, impacto do lápis ao tocar o solo, e assim por diante, com base, por exemplo, na massa e distância entre dois objetos. Note que os "porquês", "comos" e "quantos" são muito bem postulados por essa teoria, o que só é possível em teorias fortes como essa.

Por fim, devemos notar o poder de generalização dessa teoria, que, digamos, causa inveja para milhões de outras teorias, que dificilmente alcançarão a amplitude de generalização da teoria da gravidade. Trata-se de uma teoria tão forte que ao soltarmos este lápis no Japão, no Brasil, na Alemanha, na África do Sul, e assim por diante, sabemos que ele cairá. Isso nos remete ao poder de generalização dessa teoria no espaço. Em complemento, o comportamento de queda ocorreria no ano de 300 a.c., no ano de 1500 d.C., em 1789 d.C. e em 2025 d.C., não é mesmo? Isso nos conduz ao poder de generalização dessa teoria no tempo. Podemos sintetizar, então, a força dessa teoria na Figura A-3.2 a seguir:

Figura A-3.2 - Poderes das teorias fortes

Fonte: elaborada pelos autores, 2024.

Apesar dos poderes enunciados pela Figura A-3.2, não significa, necessariamente, que os alunos de mestrado e doutorado devam utilizar, ou até mesmo criar, teorias dessa envergadura. Essa constatação traz desafios e limites para o uso das teorias.

DESAFIOS E LIMITES NO USO DE TEORIAS

Agora que o conceito de teoria está mais claro, devemos destacar que seu uso não é imediato, tampouco simples. Sua dissertação ou tese pode, ou não, adotar uma teoria consagrada para tratar do fenômeno que está sendo investigado. Brincando para fins didáticos, por exemplo, poderia ser uma tese sobre a queda de lápis no planeta terra sob a ótica da teoria da gravidade. Nesse caso, você teria uma grande teoria para explicar o que está sendo investigado. Mesmo que você não tenha que adotar uma teoria, passará por uma porção delas nas disciplinas do curso, e também na construção da seção de revisão de literatura de sua pesquisa, pois ao escrever sobre a literatura de um tema você terá, naturalmente, que tratar das teorias mais utilizadas para explicar aquele tema (falaremos mais sobre essa seção no Capítulo 5 – Parte C).

Dentro dessa lógica, neste momento é importante destacarmos que nem todas as dissertações de mestrado e teses de doutorado partem de uma teoria para explicar o fenômeno investigado. Abaixo, apenas para fins didáticos, traremos exemplos de teorias que apoiam a explicação de alguns fenômenos da área da Administração:

Figura A-3.3 - As teorias e seus fenômenos

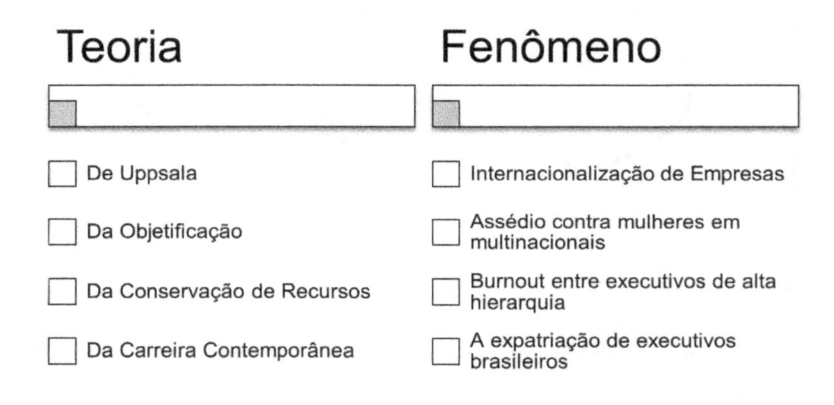

Fonte: elaborada pelos autores, 2024.

Nosso foco não está na explicação destas teorias, e sim na exposição de que o caminho mais seguro de se construir uma pesquisa de mestrado ou doutorado pode ser por meio da escolha de uma teoria consagrada para a explicação do fenômeno que está sendo investigado, como na ilustração acima, que trata de teorias que são tradicionalmente utilizadas para abordar os fenômenos que listamos. Ocorre, contudo, que há dissertações e teses que conseguem trazer contribuições inéditas e relevantes para suas áreas sem que uma teoria tenha sido selecionada como norteadora. Abaixo traremos as referências de algumas teses que foram premiadas pela CAPES, portanto pelo Ministério da Educação, e que foram trabalhadas de modo empírico por seus autores, e sem uma grande teoria como lente de explicação para os fenômenos investigados:

Quadro A-3.1 - Exemplos de teses premiadas pela CAPES

Área	Autor(a)	Título da tese
Arqueologia	Caroline Murta Lemos	Arquitetando o terror: um estudo sensorial dos centros de detenção oficiais e clandestinos da ditadura civil-militar do brasil (1964-1985).
Artes	Bruno Seravali Moreschi	Olhares mediados: aproximações empíricas e emancipadas em museus.
Biotecnologia	Felipe Rocha da S. Santos	Identificação de candidatos a antivirais contra zika vírus selecionados por análises *in silico* e *in vitro.*
Ciência Política	Victor Augusto Araujo Silva	Religião distrai os pobres? Pentecostalismo e voto redistributivo no Brasil.

Fonte: Brasil, 2020.

Notamos que nestes exemplos de tese há, obviamente, um amplo mergulho em literaturas específicas - como no caso da última tese, que constrói uma seção de revisão de literatura sobre religião, sobre pentecostalismo e sobre voto redistributivo no Brasil, sem, entretanto, partir de uma grande teoria. Devemos, então, diferenciar referencial teórico, que está presente nos conceitos e definições que o autor da tese nos traz, daquilo que chamamos de teoria.

De todo modo, utilizar uma teoria é um caminho comumente realizado. Trazendo esse uso para a área de Administração e de outros campos das Ciências Sociais Aplicadas, destacamos que os três grandes poderes das teorias não se apresentam de uma forma tão nítida quanto nas denominadas *hard sciences* (como é o caso da Física, por exemplo). A título de ilustração, é comum notarmos no campo da Administração teorias com bom poder explicativo e baixo poder de generalização ou, de outro modo, teorias com bom poder preditivo, porém incompletas em suas explicações. Essas limitações devem ser conhecidas pelos alunos, e existem porque a realidade social é bastante heterogênea, isto é, pesquisas que tratam do comportamento de pessoas e de organizações podem ser bastante difíceis de serem colocadas em grandes postulados teóricos. Isso dificulta, por vezes, a compreensão dos alunos sobre o papel dessas e de outras teorias e, consequentemente, seu uso na própria dissertação ou tese. É também em decorrência dessas complexidades que não é incomum que teses de áreas como Psicologia, Antropologia e Sociologia, por exemplo, sejam erguidas por meio do uso de mais de uma teoria, ou seja, por meio do uso combinado de diferentes teorias para explicar um mesmo fenômeno (como no uso da teoria marxista e da teoria sociológica de Durkheim em uma mesma pesquisa).

Figura A-3.4 - Teoria e prática

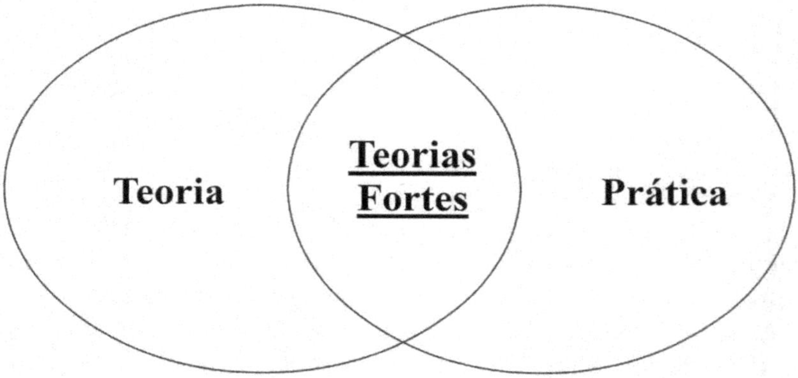

Fonte: elaborada pelos autores, 2024.

MOMENTO DO CASO REAL

Para não ficarmos somente no exemplo da teoria da gravidade, vamos pensar na já mencionada teoria marxista, oriunda do campo da Sociologia e, em sentido mais amplo, da Filosofia, e expressa em obras como "O Manifesto Comunista", de 1848, e "O Capital", de 1867. Um dos postulados de Marx, também construído em diálogos e em parcerias com Friedrich Engels (indicamos aqui o filme "O Jovem Karl Marx", do ano de 2017, que traz momentos destes diálogos), é o de que a história da humanidade é a história de uma luta de classes, em que em todas as épocas houve uma exploração do trabalho da classe menos favorecida pela elite detentora dos meios de produção, e que a forma de combater essa exploração seria, em um momento inicial, por meio da tomada do poder pelo proletariado (classe menos favorecida).

Figura A-3.5 - Caso da teoria marxista

Fonte: elaborada pelos autores, 2024.

Independentemente do posicionamento político que possamos tomar a partir da Teoria Marxista, sua aplicação prática nos parece evidente, isto é, ao tratar da exploração vivida pelo proletariado Marx leva sua teoria para o campo da aplicabilidade social. Isso provou ser verdadeiro, entre outros aspectos, porque a teoria serviu como grande referência ideológica para movimentos históricos como a Revolução Russa de 1917 e toda a jornada de construção da República Soviética (URSS) e da Guerra Fria, sendo amplamente debatida até os dias de hoje, em especial na arena política como sendo referência (combinada com a história da Revolução Francesa) para a definição de posicionamentos como "esquerda", "centro" e "direita". Convidamos, então, o leitor a refletir sobre quais seriam os poderes preditivo, explicativo e de generalização da teoria marxista.

Apesar destas características, que variam de área para área, uma boa teoria não deve se furtar de ter alguma aplicabilidade prática, mesmo que esta aplicabilidade se restrinja ao campo dos pesquisadores que investigam determinado fenômeno. Nesse sentido, a Figura A-3.4 ilustra a necessidade de os estudos acadêmicos contribuírem para a prática.

Também podemos citar aqui a teoria da evolução, de Darwin. Enquanto parte da comunidade científica entende tratar-se de uma teoria de fácil visualização prática, outros grupos sociais defendem que a teoria apresenta postulados que carecem de maiores explicações (como os defensores da teoria do criacionismo, dominante no Cristianismo, que são resistentes a esta visão de Darwin sob o argumento de que cada vida na Terra é fruto da criação de Deus). A teoria darwiniana propõe que ocorre uma evolução das espécies, por meio de um processo de seleção natural, decorrente de uma série de mudança que ocorrem no ambiente com os quais essas espécies interagem, tendo como principal postulado a ideia de que "só os mais adaptados sobrevivem".

Figura A-3.6 - Retrato de Charles Darwin

Fonte: Google Imagens, 2024.

Caro leitor, como conclusão deste capítulo, nossa recomendação é a de que você note que é plenamente possível a seleção das teorias que mais tragam sentido para sua jornada e, portanto, para suas pesquisas e ampliação de conhecimento. Para tal, é necessário entender para que serve aquela determinada teoria, que poderá te ajudar bastante a enxergar o fenômeno investigado, como nos exemplos que trouxemos sobre a teoria da gravidade, teoria marxista e teoria da evolução. Posto de outro modo, investigar teorias é descobrir um novo mundo, descoberta essa que pode ser fascinante.

INDICAÇÕES CULTURAIS

 LIVRO	**"O que é Teoria?", de Gabriel Cohn.** Este livro é uma introdução acessível ao conceito de teoria e suas aplicações em diferentes áreas do conhecimento, ajudando a esclarecer a relação entre teoria e prática, e a importância de pensar criticamente para além do senso comum.
 FILME	**"Uma Mente Brilhante" (2001).** Duração: 135 min. Embora focado na vida de John Nash, o filme mostra como teorias e o pensamento científico, apesar de parecerem distantes da realidade, têm implicações práticas profundas.

TESTE SEUS CONHECIMENTOS

A separação entre teoria e prática é frequentemente vista de forma simplificada pelo senso comum. Qual das alternativas abaixo reflete a relação correta entre teoria e prática, conforme discutido no texto?

a) A teoria é sempre uma abstração sem relevância prática, focada em especulações sem utilidade no cotidiano.

b) A teoria, como a da gravidade, pode ser prática, pois explica fenômenos reais e permite previsões precisas sobre suas consequências.

c) A prática é a única forma de aprendizado que não necessita de teorias para orientar o conhecimento.

d) A teoria só deve ser utilizada em áreas acadêmicas, uma vez que seu impacto na realidade é limitado.

ATIVIDADE DE AUTOAPRENDIZAGEM E PLANEJAMENTO

Tendo em mente o conceito de "poderes das teorias fortes" (preditivo, explicativo e de generalização), identifique teorias que podem auxiliar a entender melhor um ou mais fenômenos específicos que você pretende investigar ao longo de sua trajetória acadêmica.

O PROCESSO DE ESCOLHA DO PROGRAMA DE MESTRADO E DOUTORADO

Os processos seletivos para mestrado e doutorado geram ansiedade devido à sua complexidade. Este capítulo aborda cinco de suas fases principais: relacionamento prévio, análise curricular, projeto de pesquisa, provas e entrevistas. O relacionamento prévio pode ser decisivo em programas competitivos, criando confiança entre candidato e corpo docente. Para os que não têm esse relacionamento, é recomendável estabelecer contato com professores e participar de eventos acadêmicos.

A análise curricular é crucial, e recomenda-se fortalecer o currículo com experiências acadêmicas relevantes, como iniciação científica e publicações. O projeto de pesquisa deve convergir com as linhas de pesquisa do programa, enquanto as provas de proficiência e conhecimento variam por instituição, sendo necessário se preparar e observar os prazos.

As entrevistas são a etapa mais desafiadora, avaliando motivações, dedicação e contribuições do candidato. É fundamental estar alinhado ao programa e ser claro nas respostas. O capítulo destaca a importância do autoconhecimento e reforça que a participação em processos seletivos pode ser uma jornada transformadora, tanto do ponto de vista pessoal quanto do ponto de vista acadêmico.

NÍVEIS DE ESCOLHA DO PROGRAMA DE MESTRADO E DOUTORADO

Cabe iniciarmos nosso capítulo tratando de passos fundamentais para a escolha do aluno entre os diversos programas de mestrado e doutorado existentes no mercado acadêmico brasileiro. Preparamos algumas recomendações, não exaustivas, que podem ajudar nesse processo. Elas seguem a lógica do "funil" acadêmico, isto é, trataremos primeiro dos temas mais abrangentes e, em segundo momento, dos temas mais específicos relacionados às recomendações para a escolha do aluno.

Sem muito suspense, podemos adiantar que esteja você na área de Economia, Física, Administração, Química, Filosofia, ou em uma das outras tantas áreas relevantes para o pensamento científico, fará sentido que em sua busca investigue a área, os programas e os pesquisadores que deles fazem parte. Estes são, portanto, os três principais níveis a serem pesquisados, conforme a figura abaixo:

Figura A-4.1 – Níveis de pesquisa por programas de mestrado e doutorado

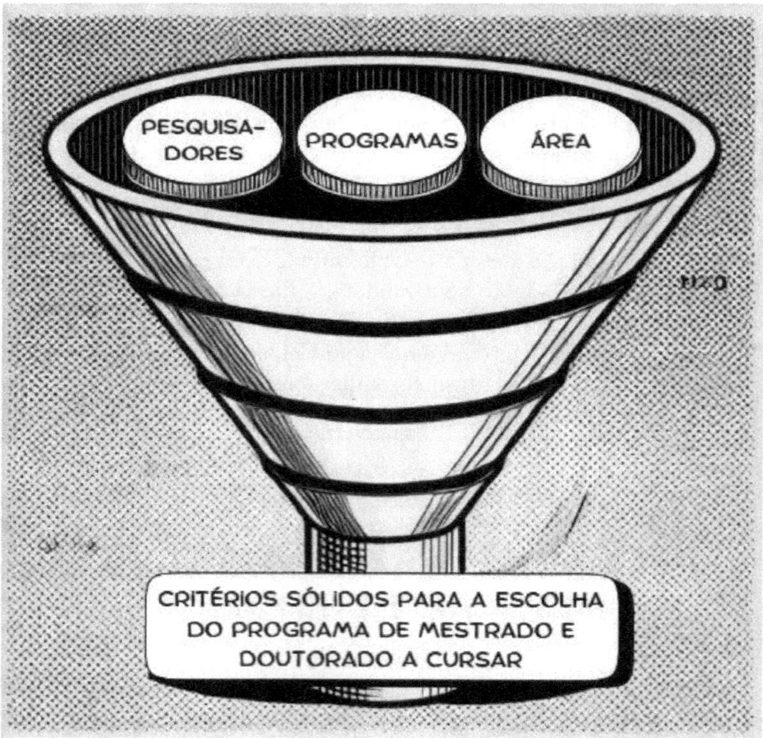

Fonte: elaborada pelos autores, 2024.

Conhecer a área é fundamental. Um indivíduo pode, por exemplo, querer pesquisar sobre diversidade dentro das organizações e não ter a clareza de que isso pode ser estudado em um mestrado ou doutorado em Administração, ao mesmo tempo em que temas da Educação e da Sociologia também podem ser estudados em Administração. Mas como você pode ter acesso ao que estudam os programas das diferentes áreas? Um dos modos mais fáceis e eficientes é por meio da plataforma Sucupira (sucupira.capes.gov.br), base governamental que contém informações gratuitas sobre as áreas, sobre os programas, e sobre os pesquisadores, permitindo o livre acesso de todos às principais informações que nela estão disponíveis.

A plataforma Sucupira está dentro do grande guarda-chuva do Ministério da Educação e faz parte do órgão denominado CAPES (Coordenação de Aperfeiçoamento de Pessoal de Nível Superior), responsável por regular e avaliar as atividades acadêmicas dos programas de mestrado e doutorado do país, sejam eles programas acadêmicos ou profissionais. Nessa plataforma você pode, enquanto cidadão, ter informações sobre o número de programas por área do conhecimento e por região do Brasil, onde aquele programa está localizado, os tipos de pesquisa que conduz, o escopo daquele programa, suas linhas de pesquisa, quando o programa surgiu e, inclusive, qual é a nota/conceito dado pelo Ministério da Educação para aquele programa, algo que será relevante para atestar a qualidade científica do programa. Sim, caro leitor, todos os programas de mestrado e doutorado do Brasil recebem uma nota/conceito do MEC, por meio da CAPES. Na Figura A-4.2, a seguir, é possível conhecer as guias da plataforma Sucupira:

Figura A-4-2 – Interface da plataforma Sucupira

Fonte: https://sucupira.capes.gov.br/sucupira/.

Não temos aqui o objetivo de retratar todos os critérios que compõem a nota/conceito dos programas de mestrado e doutorado, mas é importante que o leitor saiba, por exemplo, que no caso de programas acadêmicos (os programas profissionais têm especificidades próprias), estes terão uma nota/conceito de avaliação que pode variar de três até sete, sendo três o conceito mínimo para que os programas possam seguir com suas atividades, isto é, para que não sejam descredenciados pelo MEC, e sete o conceito máximo, referindo-se a um número minoritário de programas no Brasil que além de receberem nota máxima em critérios tradicionais de análise como corpo docente, infraestrutura, qualidade de dissertações e teses, Impacto Social, entre outros, também tem forte inserção internacional, por exemplo por meio de sólidos grupos de pesquisa no exterior, envio e recebimento de alunos internacionais, publicações em periódicos internacionais, possibilidade de dupla titulação em parceria com instituições de ensino de outros países, e assim por diante. Em anos recentes a avaliação oficial da CAPES ocorreu de três em três anos, e depois passou a ser de quatro em quatro anos, mas a pandemia da Covid-19 alterou esse cronograma.

De todo modo, conhecer o conceito do programa é fundamental para ganhar em segurança de escolha, inclusive para compreender em quais critérios ele é mais forte e em quais precisa melhorar, pois essas informações são abertas na plataforma Sucupira. Reforçamos, portanto, que por meio dessa busca você pode evitar escolher um programa que seja considerado de menor qualidade científica pelo Ministério da Educação, pois isso também poderá impactar diretamente em seu currículo acadêmico. Posto de outro modo, a comunidade acadêmica pode facilmente localizar em qual instituição você realizou seu mestrado ou doutorado, pois isso está explícito, por exemplo, em seu currículo Lattes. A depender da instituição em que realizou seu curso você terá melhor ou pior avaliação por parte do mercado, de forma similar ao que ocorre em outros mercados de trabalho.

Avançando um pouco mais em nossa análise, recomendamos que investigue também a instituição de ensino, não somente pelo próprio Sucupira, mas também pelo site dos programas que ela oferta. Tanto o *layout* quanto o conteúdo dos sites variarão bastante, mas em geral podemos ter acesso às seguintes informações: linhas de pesquisa do programa (temas de pesquisa mais recorrentes), professores que atuam em cada linha, disciplinas ofertadas, possibilidade ou não de inscrição como aluno avulso em disciplinas, calendário acadêmico, datas e documentos relativos ao processo seletivo, publicações acadêmicas já feitas pelo programa, link para o currículo Lattes dos professores, além de minicurrículo de cada professor, entre outras.

Cabe fazermos uma recomendação estratégica sobre um desses tópicos. Dica: alguns programas oferecem aos interessados em ingressar no mestrado ou doutorado a possibilidade de realização de disciplinas como aluno avulso (alguns programas denominam esta modalidade de aluno especial ou aluno ouvinte). Em síntese, o aluno cursa normalmente a disciplina e aproveita os créditos cursados quando efetivamente for aprovado como aluno regular (isso significa posterior dispensa da disciplina). Trata-se de uma boa estratégia para que o aluno conheça melhor a lógica de se fazer mestrado ou doutorado, conheça melhor o programa e, principalmente, estabeleça relações que poderão ajudá-lo a ser aprovado no processo seletivo para alunos regulares. Dependendo do caso, o bom desempenho nessas disciplinas como aluno avulso pode contribuir para que ele seja contemplado com bolsa por mérito acadêmico. As regras dessas modalidades variam muito de programa para programa, por exemplo, quanto à gratuidade ou não da disciplina e quanto ao aproveitamento ou não dos créditos. Não são todos os programas que aceitam alunos avulsos, mas recomendamos fortemente que os interessados investiguem essa possibilidade.

Até aqui tratamos de investigações sobre a área e sobre o programa. Como último ponto, é fundamental que o interessado pesquise também sobre o corpo docente que compõe o mestrado ou doutorado de interesse, pois não é exagero pensarmos que parte substancial do sucesso ou fracasso de um curso decorre de seus professores, não é mesmo?

A principal recomendação para a coleta de informações sobre os professores é o currículo Lattes de cada um, ferramenta que já foi brevemente trazida em capítulo anterior, mas que será um pouco mais detalhada aqui. De cadastro livre e gratuito, o currículo Lattes pode ser definido como uma plataforma de currículos acadêmicos vinculada ao governo brasileiro, por intermédio do CNPq (Conselho Nacional de Desenvolvimento Científico e Tecnológico), agência pertencente ao Ministério da Ciência, Tecnologia e Inovação (MCTI). Nessa plataforma, cabe ao próprio autor a atualização dos campos de seu currículo. A Figura A-4.3, abaixo, mostra a interface do currículo Lattes como resultado de uma busca a um professor:

Figura A-4.3 – Interface da plataforma de Currículos Lattes

Fonte: http://lattes.cnpq.br/5570985639776658.

É, em geral, obrigatório que os professores tenham currículo cadastrado e atualizado na plataforma Lattes, sendo, inclusive, um meio bastante utilizado em processos seletivos para professores como forma de compreender a jornada acadêmica de cada um, e desse modo avaliá-los. São exemplos de informações que constam no currículo Lattes dos professores:

- Dados gerais: identificação, endereço, prêmios e títulos e outras informações relevantes;
- Formação: formação acadêmica/titulação e formação complementar;
- Atuação: atuação profissional, linhas de pesquisa, membro de corpo editorial, revisor de periódico e áreas de atuação;
- Projetos: projetos de pesquisa;
- Produções: artigos completos publicados em periódicos, livros e capítulos, trabalhos publicados em anais de congressos, con-

sultorias, produtos tecnológicos, comentários na mídia, trabalhos técnicos, entre outras;

- Inovação: patentes, programa de computador registrado, projeto de desenvolvimento tecnológico, projeto de extensão, entre outras;
- Eventos: participação e/ou organização de eventos, congressos, exposições e feiras;
- Orientações: orientações e supervisões concluídas e em andamento;
- Bancas: participação em bancas de trabalhos de conclusão e de comissões julgadoras.

Como consequência, ao acessar o currículo de um professor, você poderá ter informações completas sobre a área de formação e atuação desse professor, por quais instituições já passou, quem o orientou, com quais temas de pesquisa trabalha, quais são os periódicos em que publica seus artigos, de que congressos acadêmicos participa, quais alunos ele orienta, e em quais temas (inclusive se orienta mestrado e também doutorado), quais foram seus principais prêmios, e assim por diante. Com essas informações em mente o interessado poderá tomar uma decisão mais assertiva sobre o que fazer.

PRINCIPAIS CRITÉRIOS PARA A ESCOLHA DO PROGRAMA

Para te ajudar um pouco mais em sua busca, reunimos aqui os principais critérios que têm sido adotados pelos candidatos ao selecionarem um programa de mestrado ou doutorado, organizados na Figura A-4.4, abaixo:

Figura A-4.4 – Principais critérios de escolha por um programa

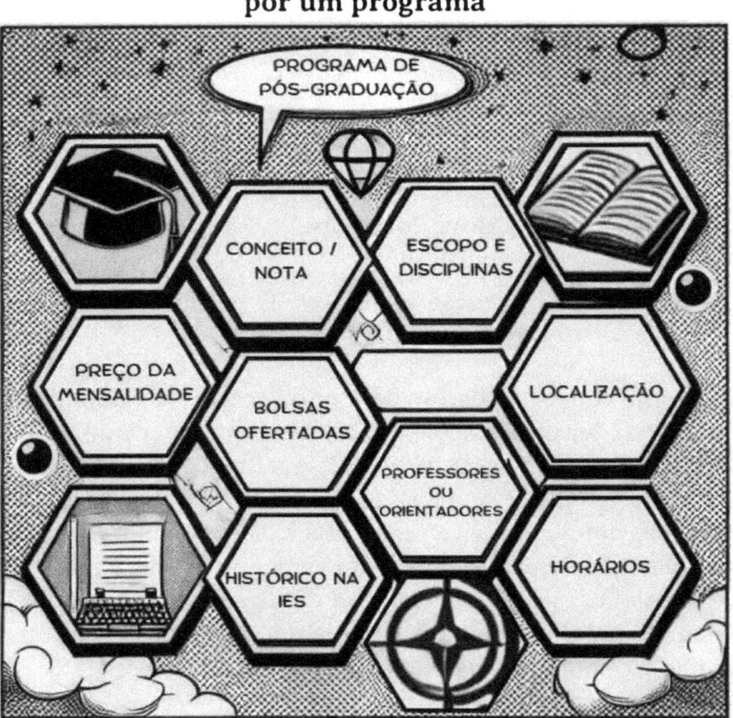

Fonte: elaborada pelos autores, 2024.

Destacamos que é muito difícil estabelecer uma ordem de peso entre esses critérios, pois o ideal é que você utilize aquele, ou aqueles, que fizerem mais sentido para sua jornada, como no caso da Prof.ª Dr.ª Aline Barbosa, que relatamos a seguir.

MOMENTO DO CASO REAL

Ingressei em meu mestrado no ano de 2014. Me recordo de que naquela época pesquisei praticamente todos os programas de mestrado em Administração, área desejada, que eram ofertados na cidade de São Paulo, então já podemos considerar que um dos critérios que utilizei foi o da localização, mesmo não tendo sido esse meu critério principal. Naquela época, eu trabalhava como consultora de marketing na Cia. Ultragaz, empresa pertencente ao Grupo Ultra, um dos maiores grupos privados do país. Em decorrência dessa minha atuação, eu não tinha disponibilidade para assistir aulas no período da tarde, salvo uma vez por semana, período em que era dispensada pela empresa para poder me dedicar ao Mestrado. Descobri que a FEI, instituição que outrora recebera o nome de ESAN, foi, de acordo com o site da própria instituição (https://portal.fei.edu.br/historia-da-fei) a primeira escola superior de Administração do país, fundada em 1941.

Figura A-4.5 - O caso da professora Aline Barbosa

Fonte: elaborada pelos autores, 2024.

Com toda essa tradição, o programa da FEI tem conceito cinco pela CAPES (quadrienal 2017-2020), avaliado, portanto, como sendo muito bom. O critério de qualidade também fez parte de minha análise, mas o que me trouxe uma espécie de desempate entre escolher o programa da FEI e escolher outro programa foi a possibilidade, na época, de cursar a maior parte das disciplinas no período noturno, algo que em 2014 não era tão frequente entre os programas. O critério do horário alternativo da FEI mostrou-se, portanto, determinante em minha escolha, pois tradicionalmente as aulas de Mestrado e Doutorado ocorriam nos períodos da manhã e da tarde. Dois anos depois pude concluir meu Mestrado por lá, e agradeço por ter sido essa a instituição que me abriu as portas da carreira acadêmica.

O caso da professora Aline nos ajuda a compreender a importância dos critérios de localização, conceito atribuído pela CAPES ao programa, e também de localização; porém outros critérios são, em geral, igualmente importantes na avaliação feita pelos interessados. Como exemplo, temos o preço da mensalidade e a possibilidade, ou não, de cursar o mestrado ou doutorado com bolsa, seja ela parcial sobre a mensalidade, seja ela do tipo taxa (isenção total da mensalidade) ou seja ela integral, em que além de ser isento da mensalidade o aluno recebe proventos para realizar o curso (para mais informações sobre bolsas consultar o site da CAPES e do CNPq, e de outras agências de fomento à pesquisa de caráter regional, como Fapesp, Faperj, Fundação Araucária, entre outras, além, claro, dos sites e da secretaria de cada programa). Tanto os preços quanto o número de bolsas disponíveis variam consideravelmente de programa para programa, razão pela qual uma consulta prévia por parte do interessado é tão importante.

Outro critério que pode ser considerado estratégico é o de escolha pelos professores que fazem parte do programa, ou até mesmo por um professor em especial pelo qual você gostaria de ser orientado. Como exemplo, já vimos alunos que foram fortemente influenciados a realizar o doutorado em uma instituição específica porque um grande professor, da admiração de muitos, lecionava nessa instituição. Muitos desses alunos buscaram, posteriormente, esse professor para receber sua orientação. Alguns tiveram êxito no processo, outros não.

Em complemento a este critério, podemos pensar também que há alunos que escolhem o programa por uma questão de aderência temática com o programa (foco e escopo do programa e temas das disciplinas ofertadas). Vamos pensar, a título de ilustração, em um programa de doutorado em Filosofia. Será que todos os programas de doutorado em Filosofia têm professores especializados na obra de Epíteto, situado dentro da corrente do estoicismo? Note, portanto, que a depender da especificidade quanto aos interesses do aluno, poucos programas serão realmente viáveis para recebê-lo com a devida qualidade. Por fim, devemos considerar como critério possível o histórico de relacionamento do aluno com a instituição de ensino em experiências anteriores. Isso significa que, com base nesse critério, alguns alunos optam por seguir em uma instituição na qual já trabalharam ou já realizaram outros cursos.

Caro leitor, esperamos que este capítulo tenha contribuído para que você possa se munir de informações antes de tomar suas decisões. Estabeleça seus critérios e investigue diferentes áreas, instituições e pesquisadores. Tenha em mente que o ambiente acadêmico varia muito no "tempo e no espaço", e que o excesso de otimismo desacompanhado de conhecimentos sólidos já derrubou muita gente nessa jornada de seleção do programa de mestrado ou doutorado, inclusive no processo seletivo, tópico de nosso próximo capítulo.

INDICAÇÕES CULTURAIS

 LIVRO	**"Como Escolher seu Mestrado ou Doutorado: Guia Prático para Pós-Graduandos", de Marcelo Medeiros.** Este livro oferece orientações práticas sobre como selecionar programas de pós-graduação, com foco em critérios como o corpo docente, qualidade acadêmica e estrutura dos cursos.
 SITE	**Sucupira (CAPES) - sucupira.capes.gov.br.** A plataforma mencionada no capítulo é uma excelente fonte para quem busca informações detalhadas sobre os programas de pós-graduação no Brasil, incluindo notas e avaliações dos cursos.

TESTE SEUS CONHECIMENTOS

Sobre a escolha do programa de mestrado e doutorado, avalie a veracidade das seguintes afirmações:

I - Com base em uma lógica de funil, devemos conhecer a área de interesse, as instituições de ensino que ofertam programas de mestrado e doutorado, a trajetória dos pesquisadores da instituição pretendida e, em especial, devemos ter autoconhecimento sobre nossa própria trajetória para que possamos fazer uma escolha de programa que seja assertiva.

II – Para a investigação sobre a área de interesse é relevante o acesso à plataforma Sucupira, vinculada ao governo brasileiro e que oferece informações sobre campos do conhecimento, como Administração, Sociologia, Economia, entre tantos outros.

III – A plataforma Lattes é o meio mais adequado para o levantamento de informações sobre o programa de mestrado ou doutorado pretendido, pois a alimentação das informações dessa plataforma é feita pelos próprios programas, o que traz aos interessados informações relevantes para suas escolhas.

Está correto o que se afirma nas seguintes assertivas:

a) I e II.

b) I e III.

c) II e III.

d) I, II e III.

ATIVIDADE DE AUTOAPRENDIZAGEM E PLANEJAMENTO

Reflita sobre suas prioridades pessoais e acadêmicas ao escolher um programa de mestrado ou doutorado. Quais fatores você considera mais importantes para sua escolha, e como eles se alinham com seus objetivos de carreira e desenvolvimento acadêmico?

PROCESSOS SELETIVOS DE MESTRADO E DOUTORADO

É possível que este capítulo gere uma certa ansiedade para os leitores, pois nele trataremos das peculiaridades dos processos seletivos para ingresso em programas de mestrado e doutorado. Enfrentamos, inclusive, um grande desafio ao tentarmos sintetizar aqui esse processo, então mãos à obra!

Vamos destacar, no decorrer do capítulo, cinco fases, ou etapas, que costumam estar presentes na seleção dos candidatos, quais sejam:

Figura A-5.1 - Etapas clássicas de processos para mestrado e doutorado

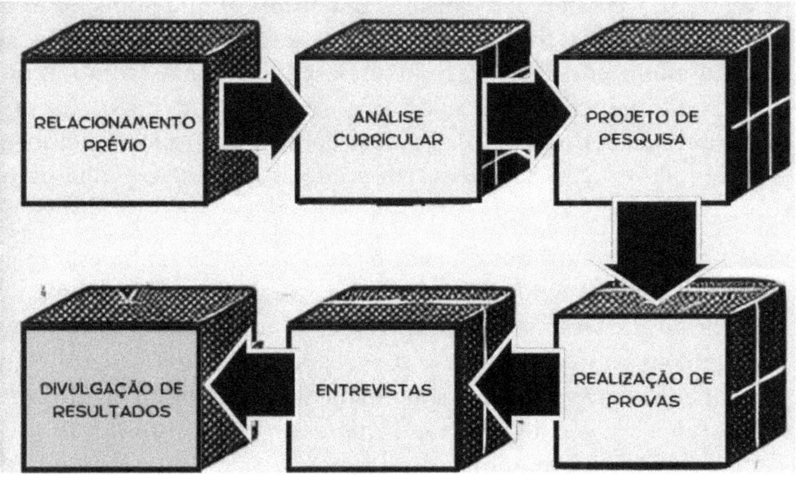

Fonte: elaborada pelos autores, 2024.

Incluímos o relacionamento prévio como um componente desse processo para que possamos melhor destacar sua importância, mesmo que ele não conste explicitamente nos editais dos processos seletivos dos programas de mestrado e doutorado. Isso não significa que se você não conhecer o corpo docente do programa que pretende cursar será necessariamente reprovado, porém entendemos que em programas mais competitivos essa relação poderá ser estratégica para sua aprovação. Tenha em mente que a composição do corpo discente (alunos) interfere na nota/conceito que o programa terá junto ao Ministério da Educação, razão pela qual os programas tendem a querer estabelecer uma relação de confiança com o candidato, especialmente os programas com notas mais elevadas, o que aumenta a importância do relacionamento prévio nessa jornada. Mas o que pode compor esse relacionamento? Vamos analisar esta composição em mais detalhes.

Como primeiro ponto, em caso de empate quem tem histórico na instituição de ensino, desde que seja positivo, tende a levar a melhor. Coloque-se na posição dos professores e reflita sobre o que eles esperam de você. Nesse exercício, encontrará respostas do tipo: compromisso, dedicação, seriedade, competência. A partir disso, fica fácil de percebermos quão importante pode ser uma boa relação prévia com a instituição de ensino, por exemplo tendo sido aluno em diferentes cursos, assistindo aulas como aluno avulso (já tratamos da figura do aluno avulso em capítulo anterior), e até mesmo tendo sido funcionário daquela instituição. Lembre-se que todo processo seletivo tem uma parte objetiva e uma parte subjetiva de análise.

Em decorrência desse cenário, caso você não tenha este relacionamento, recomendamos que crie algum tipo de relacionamento anterior ao processo seletivo. Entre em contato com os coordenadores e com os professores do programa e tente marcar um café, participe de alguma palestra que tenha algum tipo de vínculo com o programa, vá a congressos em que esses professores estão presentes, converse com alunos do programa para tentar estabelecer alguma ponte com os professores, e assim por diante. Tenha em mente que, em geral, os professores do programa não são inacessíveis. Programas de mestrado e doutorado precisam de alunos para que as pesquisas possam ser realizadas, e também para que objetivos financeiros possam ser alcançados (a finalidade destes objetivos varia muito de instituição para instituição). Em decorrência disso, com uma comunicação e meios adequados você terá boas chances de conseguir dialogar com os professores. Acredite.

Uma fase clássica que está presente nos processos seletivos para mestrado e doutorado consiste em uma análise curricular do candidato. Nesse momento, muitos alunos que não têm vasta trajetória acadêmica nos perguntam: como posso fortalecer meu currículo para fins de ingresso em um programa? A primeira recomendação, um tanto quanto óbvia, é a de que você realize seu cadastro na plataforma de currículo Lattes (tratamos dessa plataforma no Capítulo 4 – Parte A).

No Lattes você deve valorizar tudo aquilo que remete à ensino, experiência no mercado, pesquisa, e também gestão. Encontre, obviamente dentro da ética, um modo de valorizar sua trajetória até aquele momento. Isso pode se dar por ter estudado em uma instituição consagrada, ou por ter feito um trabalho de conclusão de curso (TCC) na graduação que foi premiado ou que tratou de um tema interessante, ou porque antes do mestrado conseguiu concluir um MBA, ou então porque tem uma experiência profissional rica em empresas de diferentes ramos, e assim por diante. Pense com cuidado nessas construções e procure "vendê-las" de forma coerente. Se você cursou uma iniciação científica na graduação, explore essa ideia. Se já teve algum artigo aprovado ou se já participou de um congresso acadêmico, destaque essas experiências. Perceba, por fim, que o currículo Lattes permite a inclusão de trabalhos de diferentes naturezas, que vão desde participações na mídia até registro de patentes e desenvolvimento de palestras e treinamentos, passando pelas experiências como professores que o candidato pode ter tido, mesmo que de modo informal.

Além da análise curricular, é muito comum que os processos seletivos peçam para que o candidato prepare um projeto de pesquisa. Esse projeto, que costuma ter cerca de 20 páginas (o número variará de programa para programa), usualmente é estruturado do seguinte modo:

Figura A-5.2 - Estrutura básica de projeto de pesquisa

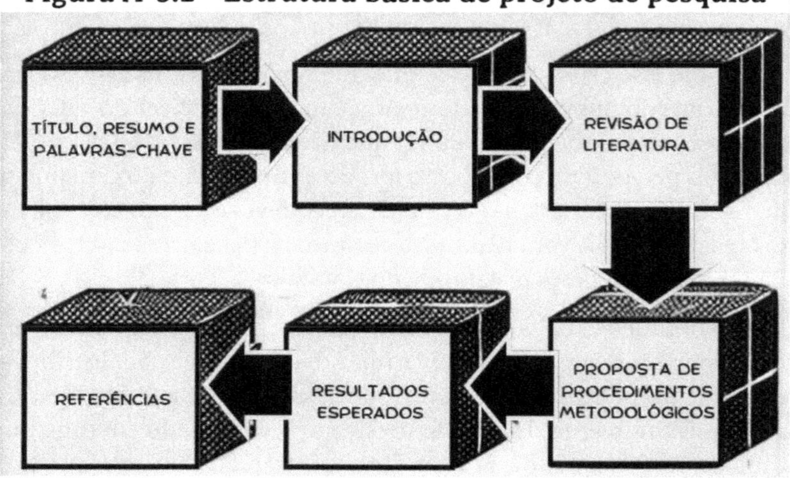

Fonte: elaborada pelos autores, 2024.

O objetivo deste capítulo não é o de abrirmos cada uma dessas seções, mas destacamos o cuidado especial que você precisa ter quanto ao tema a ser escolhido para a elaboração desse projeto de pesquisa. Pense em alguém que deseja ingressar em um mestrado em Administração que tem somente linhas de pesquisa em áreas como Estratégia Empresarial e Marketing, por exemplo, e que propõe um projeto com o seguinte título: "A Ética nos Tribunais Superiores Brasileiros". Te parece adequado? Já vimos essas situações ocorrendo, de modo que elas, infelizmente, não são incomuns. Para evitar esse erro, relembramos o leitor sobre a importância de pesquisar sobre o programa e sobre a trajetória de pesquisa de seus professores.

Outra dica valiosa é olhar para o banco de dissertações e teses da instituição em que deseja realizar o curso (o portal do Domínio Público também pode ser relevante para tomar contato com dissertações e teses – http://www.dominiopublico.gov.br/pesquisa/PesquisaObraForm.jsp). Muitas instituições conservam estes bancos, na forma de plataformas livres na internet, que permitem consulta livre às dissertações e teses de seus programas, nas quais constam, inclusive, os nomes dos professores orientadores de cada trabalho.

Você pode propor, por exemplo, uma pesquisa que dê continuidade para um desses trabalhos, caso isso seja de seu interesse. Se essa for sua escolha, prefira trabalhos mais recentes, e tenha em mente que não necessariamente trabalhará com esse projeto após ser aprovado no curso, pois isso dependerá de negociações que fará com o programa, em especial com seu orientador. Recomendação adicional: mantenha-se flexível para mudar de tema de projeto após seu ingresso.

Ainda dentro do tópico do projeto de pesquisa, formate seu projeto com base nas normas da ABNT (Associação Brasileira de Normas Técnicas – https://www.abnt.org.br/busca360/trabalhos/1) ou APA (American Psychological Association – https://apastyle.apa.org/products/publication-manual-7th-edition), caso o programa não peça explicitamente um padrão acadêmico diferente desses. Isso implica citar os autores que toma como referência do modo correto, estruturar adequadamente suas ilustrações, lista de referências, fonte, margem, e assim por diante. Caro leitor, um trabalho acadêmico deve parecer um trabalho acadêmico, portanto, a forma também deve contar a seu favor, e não somente o conteúdo. Dentro dessa lógica, fique atento para escrever seu projeto com linguagem acadêmica apropriada (tratamos de forma mais profunda sobre o texto acadêmico no Capítulo 3 – Parte B).

Outra fase que está presente, de um modo ou de outro, em processos seletivos para mestrado e doutorado, é representada pelas provas, de variadas naturezas. Há programas, por exemplo, que exigem comprovação de proficiência em inglês por parte do candidato. Alguns realizam as próprias provas de inglês para avaliar o candidato, mas o mais comum é que o candidato tenha que comprovar sua proficiência por meio da realização de provas externas. Apenas para título de ilustração, traremos abaixo os requisitos postos por um programa de mestrado e doutorado em Administração em seu edital de seleção de candidatos:

a) TOEFL IBT, mínimo de 79 pontos;

b) TOEFL ITP, mínimo de 550 pontos;

c) IELTS, mínimo total de 6,5; e

d) Certificados de suficiência com indicação de desempenho a partir do nível B2, conforme Quadro Europeu Comum de Referência para as Línguas (CEFR).

Essas pontuações variam de programa para programa, e há programas no Brasil que não exigem tal comprovação por parte do candidato.

Além da prova de inglês, há programas que realizam suas próprias provas de interpretação de texto ou de conhecimento de área (como Educação, Sociologia, Psicologia, e assim por diante), ou que utilizam exames tradicionais de associações vinculadas às diferentes áreas. Como exemplo desta última situação, temos o teste ANPAD (ANPAD, 2025), teste utilizado por muitos programas da área de Administração, e que é ofertado pela Associação Nacional de Pós-Graduação e Pesquisa em Administração (ANPAD). Cada programa estabelece sua própria nota de corte no teste ANPAD para a seleção dos alunos. Em alguns programas, essa nota da prova soma-se às demais etapas do processo para definir quais alunos serão aprovados.

Recomendação adicional: fique atento para as datas de realização dos testes em sua área, pois estas não são provas agendadas pelo aluno, isto é, estes exames têm datas pré-definidas no decorrer do ano, e já vimos casos de alunos que perderam a oportunidade de participar de processos seletivos em determinado semestre por não se atentarem a tais datas. Destacamos também que alguns programas exigem do candidato uma carta de intenções em forma de redação. Essa carta pode ser uma boa forma do candidato se preparar para as entrevistas, que veremos a seguir.

Como última etapa clássica temos as entrevistas, que consideramos a etapa mais importante entre as mencionadas. Vamos iniciar com algumas perguntas que geralmente são feitas nas entrevistas:

Quadro A-5.1 - Perguntas recorrentes em entrevistas

1. Por que você deseja realizar mestrado/doutorado? Você sabe a diferença entre estes programas e uma pós-graduação *lato sensu*?
2. O que te levou a escolher nosso programa? Você está participando de mais algum processo seletivo além do nosso? Em caso de aprovação em dois programas, você escolherá o nosso para cursar?
3. Poderia destacar as razões pelas quais devemos te selecionar como aluno de nosso programa? Quais são seus principais diferenciais?
4. Você poderia mencionar ao menos três autores de nossa área e por qual razão entende serem as obras destes autores grandes referências? Qual é sua visão sobre a obra destes três autores?
5. Qual será o seu grau de dedicação caso seja aprovado em nosso processo seletivo? Você terá condições de se dedicar integralmente ao seu mestrado/doutorado?
6. Você tem condições de realizar este curso sem bolsa de estudos? Em complemento: você teria algum modo de financiar sua pesquisa de mestrado/doutorado?
7. O que você pretende com este mestrado/doutorado? Quais são seus principais objetivos acadêmicos? Como seu estudo contribuirá para a academia e para a sociedade?

Fonte: elaborado pelos autores, 2024.

Caro leitor, você deve ter notado que estas não são perguntas tão simples de serem respondidas de forma rápida e precisa diante da pressão colocada pelos professores da comissão de seleção de candidatos, que, em geral, são os responsáveis pela condução da fase de entrevistas. Já nos deparamos com entrevistas que duraram apenas três minutos (e a partir das quais os candidatos foram aprovados) e com entrevistas que levaram cerca de uma hora. Esse processo é, portanto, bastante relativo, mas devemos levar em conta que, grosso modo, os professores que compõem estas bancas conseguem notar com facilidade se a resposta do candidato está sendo ou não satisfatória e verdadeira. Já vimos excelentes candidatos serem reprovados na fase de entrevistas por não terem conseguido responder a contento aos questionamentos feitos pelos professores. Os principais erros que notamos nos alunos com desempenho ruim em entrevistas consistem em falta de conhecimento, excesso de informalidade, arrogância intelectual e falta de precisão nas respostas.

Enumeramos nossa lista de perguntas apenas para fins didáticos. Para te apoiar na primeira pergunta, por exemplo, temos o capítulo inicial de nosso livro, que destaca as diferenças entre os cursos e níveis acadêmicos. É fundamental demonstrar na banca que você tem clareza sobre o que é um mestrado ou doutorado e sobre o que se espera de você nesse processo. Já vimos uma série de candidatos que confundiam, por exemplo, um mestrado Acadêmico com um MBA (modalidade de curso de pós-graduação da área de Administração classicamente voltado para a formação de executivos). Cabe trazermos um destaque também para a segunda pergunta da lista. Vejamos um caso real que a ilustra bem.

MOMENTO DO CASO REAL

Andrade (pseudônimo) sempre teve o sonho de ingressar em um programa de doutorado. Concluiu sua graduação em ótima universidade, participou de projetos de iniciação científica e teve excelentes resultados em seu mestrado. Ser aprovado em um programa de doutorado era uma questão de tempo para ele. De modo a ampliar suas possibilidades de aprovação, Andrade participou de diferentes processos seletivos, e com isso viveu intensamente as fases clássicas expostas neste capítulo. Estabeleceu relacionamentos com as instituições, preparou em detalhes seu currículo, ergueu seu projeto de pesquisa, fez provas, fez cartas de intenção e participou das entrevistas, conforme as regras de cada programa. Um desses processos de que participou nos trouxe uma lição bastante interessante: vamos chamá-lo de processo da Uni123 (pseudônimo). Andrade escolheu este processo pela localização da Uni123 e por já ter relacionamentos prévios com seu corpo docente. O conceito/nota do programa da Uni123 na CAPES não era tão alto quanto o de outros programas que também foram tentados pelo candidato, ainda assim, ele gostava da ideia de ampliar suas possibilidades.

Figura A-5.3 - O caso de Andrade

Fonte: elaborada pelos autores, 2024.

Ao chegar à fase de entrevistas, os professores da Uni123 lhe fizeram a seguinte pergunta: "Você está participando de mais algum processo seletivo além do nosso? Em caso de aprovação em dois programas, você escolherá o nosso para cursar?". O rapaz, com bastante sinceridade, respondeu que sim para a primeira, e que não para a segunda pergunta. O diálogo se seguiu, e a entrevista foi concluída.

Resultado: Andrade foi aprovado em todos os processos de que participou, alguns dos quais estão entre os mais concorridos do Brasil, com exceção do programa da Uni123, que mesmo sendo, digamos, mais modesto, o "reprovou fortemente", atribuindo-lhe notas baixíssimas, não somente na entrevista mas também em sua redação de intenções, que havia sido muito bem avaliada nos demais programas. Hoje Andrade é professor de programa de doutorado.

Notem pelo caso que a banca do processo seletivo colocou Andrade em uma posição delicada: mentir e fortalecer o relacionamento com aqueles professores em curto prazo ou falar a verdade e correr o risco de sofrer as consequências no processo. Trouxemos esse caso para nosso livro para que o leitor possa notar até que ponto chegam as perguntas da banca, e para relembrar que a riqueza do processo está nos detalhes. É evidente que nenhuma instituição de ensino ficará contente em ser a última opção da lista de um candidato, e devemos ter isso em mente. Ao mesmo tempo, mentir seria desleal com a instituição. São *tradeoffs*. Quanto ao posicionamento da Uni123, nós particularmente discordamos da forma como a instituição conduziu o processo. Ficou nítido, pelo caso relatado, que a nota baixa de Andrade foi consequência de sua não preferência pelo programa da Uni123, e não por fragilidades em seu projeto de pesquisa ou notas em provas. Portanto, caro leitor, devemos lembrar que esse é um processo de relações humanas, que também envolve, fatalmente, o gosto pessoal dos avaliadores, muitas vezes para além de critérios objetivos de avaliação.

Vamos trazer algumas recomendações sobre as próximas perguntas da lista. Para a pergunta três, cuide para que seus diferenciais competitivos estejam expressos tanto no Lattes quanto eu seu discurso na entrevista. Isso trará para a banca a percepção de que seu discurso corresponde com suas práticas, e isso é bastante importante na trajetória acadêmica. Já para a pergunta quatro, menos frequente em bancas, mas também possível, lembre-se de estudar a área em que pretende realizar seu mestrado ou doutorado e, mais especificamente, as linhas de pesquisa do programa.

No caso da área de Administração, por exemplo, temos linhas como (i) Sustentabilidade e (ii) Estratégia Empresarial. Apesar delas estarem no âmbito de uma mesma área, Administração, suas correntes de pensamento são muito diferentes, e obviamente seus autores também. Nossa recomendação, então, é a de que você faça investigações de obras e de autores especificamente dentro da linha de pesquisa na qual deseja ingressar, e não somente de forma geral dentro da área. Isso, de certo modo, surpreenderá a banca positivamente. Essa pergunta foi feita para nós (Romani e Aline) em nosso processo seletivo para o doutorado da Fundação Getulio Vargas (EAESP/FGV), e tínhamos uma lista de autores para destacar. Receamos que se não tivéssemos tal lista, seguida de reflexões, nosso resultado na fase de entrevistas fosse outro. Apenas para contribuir com sua jornada: ambos ficamos com nota dez na fase de entrevistas quando participamos desse processo, um dos mais concorridos do país no âmbito dos doutorados em Administração, e que tem conceito máximo na avaliação da CAPES (2017-2020).

A quinta pergunta trata de seu grau de dedicação. Aqui, obviamente, quanto mais dedicação melhor, porém as informações trazidas devem ser verídicas. Já participamos como membros de banca em diversos processos seletivos e, por vezes, nos deparamos com candidatos que prometem dedicação integral ao mestrado ou doutorado e que, ao mesmo tempo, têm jornada de trabalho de 40 horas semanais. Como isso é possível? Diante de tais ocorrências, recomendamos fortemente que o candidato tenha clareza sobre quantas horas semanais poderá ter de dedicação ao programa e, mais ainda, como será sua rotina diária, qualitativa e quantitativamente. Isso, aos olhos da banca, demonstrará transparência e segurança.

Sobre a sexta questão, sobre bolsas, é necessário cautela. Tenha em mente que se você responder "só farei o mestrado/doutorado se vocês me concederem uma bolsa de estudos" poderá ter problemas. Conheço, inclusive, um programa que recomenda reprovação imediata do candidato caso essa seja a resposta. Sabemos que esse assunto é bastante polêmico, mas a coordenação desse programa defende que o aluno traz insegurança para os resultados do programa caso esteja em tal situação, pois, em tese, caso perca a bolsa no meio do curso não poderá concluí-lo e, desse modo, prejudicará os resultados do programa. Trata-se de uma instituição de elite econômica, mas, de todo modo, sugerimos que mesmo se este for o caso (da inviabilidade de cursar sem bolsa), você opte por uma resposta menos taxativa. Trata-se, novamente, de um *tradeoff* que deve ser decidido pelo candidato, respeitando-se o contexto de cada um, mas, acima de tudo, não tente blefar com a banca.

Chegamos então até a sétima questão, sobre as contribuições que você espera alcançar com seu mestrado ou doutorado. Sugerimos que em sua resposta dê mais peso em contribuições que estão no âmbito do ensino, pesquisa e impacto social. "Faço doutorado para ser um professor melhor, para contribuir com meus alunos"; "para contribuir com o programa ao publicar a pesquisa em periódicos científicos consagrados"; "para contribuir, por meio do desenvolvimento de teorias, dentro de área específica"; "para propor políticas públicas que beneficiem o bem comum a partir da tese a ser desenvolvida". Esses são possíveis caminhos de respostas. O que todos têm em comum? Foque menos em você e mais no bem coletivo que seus esforços trarão. Dica: o "eu" aqui vale bem menos do que o "nós".

Caro leitor, esperamos ter contribuído, neste capítulo, para sua maior compreensão sobre o que envolve os processos seletivos para mestrado e doutorado. Destacamos, por fim, a importância de você ter clareza sobre seus pontos fortes e limitações antes de mergulhar nesse processo, como na famosa frase de Sócrates: "Conhece-te a ti mesmo".

Figura A-5.4 - Retrato de Sócrates

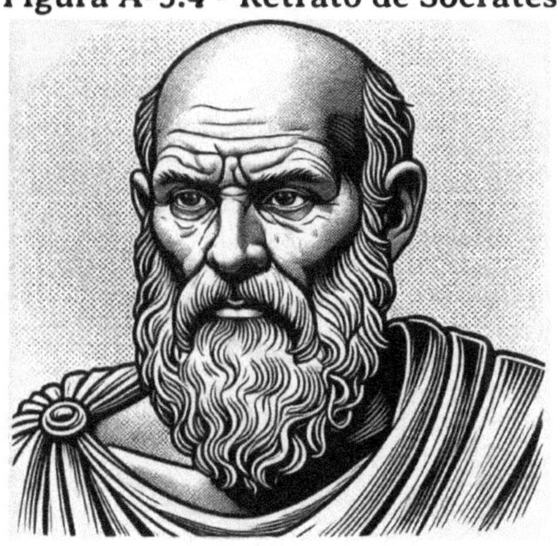

Fonte: Google Imagens, 2024.

Seja, então, sincero consigo e com tuas atuais condições. Essa sinceridade, pautada pela autocompreensão, será naturalmente transmitida para a comissão avaliadora. Desejamos êxito nessa fase, pois sabemos que esse processo muda a vida das pessoas, como fez conosco. Após o ingresso no *stricto sensu*, novas recomendações são necessárias. É o que veremos nos próximos capítulos.

INDICAÇÕES CULTURAIS

<table>
<tr><td>
</td><td>"A Teoria de Tudo" (2014). Duração: 123 min. Esse filme biográfico narra a trajetória do físico Stephen Hawking, desde seu ingresso na universidade até a superação de desafios pessoais e acadêmicos, sendo uma inspiração para quem busca se aprofundar nos desafios e na dedicação necessários para uma carreira acadêmica de sucesso.</td></tr>
<tr><td>
</td><td>Pós-Graduando – youtube.com/@posgraduando. Um canal voltado para estudantes de mestrado e doutorado, que oferece dicas e informações sobre a vida acadêmica, processos seletivos, escrita científica e orientações para quem está na pós-graduação ou pretende ingressar.</td></tr>
</table>

TESTE SEUS CONHECIMENTOS

Durante os processos seletivos para mestrado e doutorado, a análise do currículo e o relacionamento prévio com a instituição podem ser fatores decisivos. Considerando o que foi discutido no capítulo, como um candidato pode maximizar suas chances de aprovação ao combinar esses dois aspectos de maneira estratégica?

A) Evitando qualquer tipo de contato com os professores antes do processo seletivo, para demonstrar imparcialidade e foco apenas no currículo acadêmico.

B) Confiando apenas em sua experiência profissional para ser aceito, sem a necessidade de apresentar um currículo acadêmico robusto ou estabelecer contatos prévios.

C) Elaborando um currículo forte, destacando-se com experiências acadêmicas relevantes e participando ativamente de eventos acadêmicos ou congressos para estabelecer um relacionamento prévio com os professores do programa.

D) Confiando na sorte e nas notas das provas, sem dar importância ao currículo ou ao contato com os professores, já que esses fatores são irrelevantes no processo de seleção.

ATIVIDADE DE AUTOAPRENDIZAGEM E PLANEJAMENTO

Como você avalia seu relacionamento prévio com a instituição e com os professores do programa para o qual deseja se candidatar? De que maneira você pode fortalecer seu currículo e estabelecer contatos estratégicos para aumentar suas chances de aprovação no processo seletivo para mestrado ou doutorado? Liste ações concretas que você pode adotar para melhorar esses aspectos.

Parte B:
DO DECORRER DO CURSO

A ARTE DE SOBREVIVER ÀS DISCIPLINAS

Neste capítulo, exploramos como as disciplinas no mestrado e doutorado são cruciais para a obtenção do título, exigindo dedicação e planejamento estratégico. A jornada acadêmica é desafiadora, especialmente em programas mais exigentes, que incluem a publicação de artigos e a participação em experiências internacionais. A escolha de disciplinas deve considerar tanto o alinhamento com a dissertação quanto o histórico dos professores, equilibrando carga de trabalho e oportunidades de aprendizado.

O apoio dos colegas é essencial para o sucesso acadêmico, fornecendo suporte emocional e a troca de habilidades, especialmente em disciplinas qualitativas e quantitativas. A leitura crítica e a concentração em ambientes adequados, combinadas com práticas como leitura em camadas e autoexplicação, são fundamentais para absorver o conteúdo e otimizar o aprendizado.

AS DISCIPLINAS NO CAMINHO PARA O TÍTULO DE MESTRE OU DOUTOR

A jornada acadêmica no mestrado e doutorado envolve diversos desafios, sendo as disciplinas obrigatórias um dos mais imediatos e, muitas vezes, assustadores. Para quem recém-ingressou em um desses programas, a exigência de aprovação em diversas disciplinas pode parecer um campo minado, mas é fundamental compreender que o sucesso nelas é um passo crucial para a obtenção do título. Cada programa de mestrado e doutorado apresenta critérios específicos, que vão desde a aprovação nas disciplinas até a defesa de uma dissertação ou tese.

Em programas mais exigentes, especialmente os de nível 6 ou 7 da CAPES, além do desempenho nas disciplinas, pode ser necessário atender a outras exigências, como a publicação de artigos em revistas acadêmicas classificadas em estratos CAPES (ex.: A2 e A1) ou, ainda, a participação em experiências internacionais. Essas exigências adicionam uma camada de complexidade ao planejamento do estudante, que deve considerar o tempo necessário para dedicar-se à pesquisa e à escrita acadêmica, além das disciplinas.

Por outro lado, a reprovação em duas disciplinas pode resultar no desligamento em alguns programas. Assim, o estudante deve adotar uma postura proativa desde o início, mantendo-se organizado, ciente dos prazos e avaliações e, acima de tudo, participando ativamente das aulas e atividades. As disciplinas não são meramente um requisito burocrático; elas constituem a base para a produção acadêmica, fornecendo as ferramentas teóricas e/ou metodológicas que serão aplicadas na dissertação ou tese.

AS LÓGICAS QUALITATIVA E QUANTITATIVA NAS DISCIPLINAS

A academia frequentemente é dividida entre duas grandes abordagens metodológicas: a qualitativa e a quantitativa. Elas se refletem nas disciplinas, que podem adotar uma postura predominantemente teórica e reflexiva (qualitativa) ou analítica e matemática (quantitativa). O aluno, ao escolher as disciplinas ou ao ser designado para algumas obrigatórias, deve compreender a lógica que cada abordagem exige e adaptar seu modo de estudo para extrair o máximo aprendizado.

Figura B-1.1 - Disciplinas qualitativas e quantitativas

Fonte: elaborada pelos autores, 2024.

As disciplinas qualitativas costumam ser mais teóricas, exigindo dos alunos a capacidade de ler e interpretar textos complexos, muitas vezes de natureza filosófica ou sociológica. Nelas, a leitura e a reflexão são essenciais, e o aluno é frequentemente desafiado a responder perguntas abertas, que exigem uma argumentação profunda e bem construída. Disciplinas de metodologia qualitativa, por exemplo, envolvem a interpretação de fenômenos sociais, entrevistas, estudos de casos e outros métodos que não se baseiam em dados numéricos.

Por sua vez, disciplinas quantitativas (como estatística e econometria) exigem precisão no uso de fórmulas matemáticas e uma compreensão detalhada de métodos estatísticos. Nessas disciplinas, o estudante muitas vezes se vê lidando com *softwares* específicos de análise de dados, como SPSS, Stata ou R, e precisa dominar conceitos como regressão, análise de variância e modelos estruturais. Para os alunos que não têm uma formação matemática sólida, o suporte de colegas ou grupos de estudo pode ser crucial. Assim, uma das estratégias mais eficazes para sobreviver a essas disciplinas é formar parcerias com colegas que dominem a metodologia, criando um ambiente colaborativo de aprendizado.

A IMPORTÂNCIA DOS COLEGAS DE PROGRAMA

Uma parte essencial para a sobrevivência nas disciplinas e no mestrado ou doutorado como um todo é o apoio dos colegas de programa. Essa parceria pode ser o diferencial que transforma desafios individuais em conquistas coletivas. A jornada acadêmica em nível avançado muitas vezes é solitária, com horas dedicadas à leitura, escrita e reflexão. No entanto, compartilhar essa caminhada com outros colegas que estão enfrentando as mesmas dificuldades pode aliviar a pressão e gerar um ambiente de cooperação mútua.

Formar grupos de estudo é uma estratégia que beneficia a todos, permitindo que os alunos complementem as habilidades uns dos outros. Enquanto alguns dominam estatística e programação, outros se destacam em metodologias qualitativas, e a troca de conhecimentos enriquece o aprendizado coletivo. Essa colaboração também abre espaço para novas perspectivas e reflexões críticas sobre os temas discutidos nas disciplinas, tornando o estudo mais dinâmico e eficaz.

O suporte emocional oferecido pelos colegas é fundamental durante o mestrado e doutorado, períodos conhecidos por serem desafiadores e estressantes. Compartilhar experiências, trocar dicas de estudo e leituras, e desabafar sobre as pressões acadêmicas ajuda a aliviar o isolamento. Essas conexões não apenas fortalecem o apoio mútuo durante o curso, mas também podem resultar em colaborações futuras em artigos, pesquisas e projetos, ampliando as redes de contato e oportunidades profissionais.

MOMENTO DO CASO REAL

Helena, uma dedicada aluna de mestrado profissional em saúde coletiva na Fundação Oswaldo Cruz (Fiocruz), enfrentava os desafios típicos de conciliar suas atividades acadêmicas com o trabalho. Durante o curso, ela se aproximou de Júlia, uma colega com quem compartilhava interesses em saúde pública e políticas sociais. As duas se uniram logo no início do programa, formando um grupo de estudo que facilitava a compreensão dos complexos textos e metodologias abordados nas disciplinas. Essa parceria foi essencial para Helena, que tinha dificuldades em algumas disciplinas mais quantitativas.

Com o tempo, a relação entre Helena e Júlia se fortaleceu, ultrapassando os limites das discussões acadêmicas. Elas não apenas estudavam juntas, mas também se apoiavam emocionalmente diante da pressão do mestrado. Júlia, com uma experiência sólida no setor público, compartilhava dicas e materiais que ajudaram Helena a desenvolver novas habilidades e a superar os obstáculos do curso. Essa troca constante de conhecimentos entre elas enriqueceu suas jornadas e tornou o processo menos solitário.

No último ano do curso, Júlia soube de uma excelente oportunidade de trabalho na Secretaria de Vigilância em Saúde (SVS), ideal para Helena, que buscava novas colocações profissionais. Por conhecer bem o perfil e a competência de sua amiga, Júlia recomendou Helena para a vaga, indicando-a diretamente para o gestor da instituição. O reconhecimento da qualidade acadêmica e profissional de Helena, aliado à confiança de Júlia em seu potencial, garantiu-lhe uma entrevista e, posteriormente, a contratação para a posição.

Figura B-1.2 - O caso de Helena

Fonte: elaborada pelos autores, 2024.

Graças ao apoio de Júlia, Helena conseguiu uma colocação de destaque em sua área, o que impulsionou sua carreira na saúde coletiva. A trajetória de Helena exemplifica como o apoio de colegas ao longo da jornada do mestrado pode não apenas facilitar o aprendizado, mas também abrir portas importantes no campo profissional, transformando colegas de estudo em aliados valiosos para a vida acadêmica e profissional.

CRITÉRIOS DE ESCOLHA PARA DISCIPLINAS ELETIVAS

A escolha de disciplinas eletivas pode parecer uma tarefa simples à primeira vista, mas envolve um planejamento estratégico. O aluno deve considerar seus interesses pessoais e como cada disciplina pode contribuir para o desenvolvimento de sua dissertação ou tese. Um dos primeiros passos é consultar o orientador, que pode sugerir disciplinas complementares aos métodos que serão aplicados na pesquisa. Por exemplo, um aluno que planeja utilizar experimentos em sua dissertação pode ser orientado a cursar disciplinas de métodos experimentais, mesmo que essas disciplinas não sejam obrigatórias.

O histórico do professor também é um critério relevante. Algumas disciplinas são conhecidas por sua alta exigência, enquanto outras são vistas como mais acessíveis. No entanto, esse não deve ser o único fator considerado. Em muitos casos, disciplinas mais exigentes oferecem uma experiência de aprendizado mais rica, preparando melhor o aluno para os desafios acadêmicos futuros. É comum que alunos de mestrado optem por cursar as disciplinas mais difíceis em momentos em que a carga de outras atividades esteja mais leve, o que pode ser uma estratégia inteligente.

Os métodos de avaliação variam conforme o professor e a disciplina. Seminários, provas escritas e a produção de artigos acadêmicos são alguns dos formatos mais comuns. Os seminários, em particular, são amplamente utilizados porque exigem que o aluno apresente e discuta temas complexos em sala de aula, estimulando o desenvolvimento de habilidades de comunicação e síntese de conhecimento. Essas apresentações ajudam o aluno a fixar o conteúdo, além de prepará-lo para situações futuras, como a defesa de sua dissertação ou tese.

Outro método de avaliação frequente é a produção de artigos acadêmicos, que muitas vezes podem servir de base para publicações em congressos e periódicos. Trabalhar seriamente em um artigo durante uma disciplina pode resultar em uma publicação, o que é extremamente positivo para o currículo acadêmico do aluno. Dessa forma, o aluno deve sempre ter em mente que o esforço dedicado às disciplinas pode trazer frutos concretos para sua trajetória acadêmica.

A LEITURA E A CONCENTRAÇÃO COMO ALIADAS NO PROCESSO

A leitura é a principal ferramenta do estudante de mestrado e doutorado. É por meio dela que o aluno se aprofunda nos temas debatidos em sala de aula e desenvolve a base teórica para sua dissertação ou tese. No entanto, não basta ler superficialmente; é necessário desenvolver uma leitura crítica, capaz de identificar os principais argumentos dos autores, as metodologias utilizadas e as lacunas que podem ser exploradas em futuras pesquisas. Essa leitura crítica exige prática, atenção aos detalhes e reflexão constante. Para desenvolver essa habilidade, é fundamental que o aluno crie uma rotina de estudo, dedicando tempo regular ao material indicado pelos professores, o que não só aprofunda o conhecimento, mas também promove a evolução contínua em sua compreensão acadêmica.

Figura B-1.3 - Leitura e concentração

Fonte: elaborada pelos autores, 2024.

Além da leitura, a concentração é igualmente importante para garantir um aprendizado profundo. O ambiente de estudo deve ser cuidadosamente planejado, preferencialmente em locais tranquilos, com boa iluminação e livres de distrações, de forma que o aluno possa absorver conteúdos complexos de maneira eficiente. Cada estudante deve identificar seu estilo ideal de aprendizado, seja por meio da escuta, da escrita ou da visualização de gráficos e esquemas. Essa personalização do estudo permite que o tempo seja bem aproveitado e que o desempenho acadêmico seja otimizado.

Por fim, uma técnica eficaz que auxilia nesse processo é a leitura em camadas, que consiste em uma primeira leitura rápida para familiarização, seguida de uma leitura mais detalhada e de anotações que organizem os principais pontos. Ferramentas como mapas mentais são úteis para visualizar conexões entre diferentes teorias, e práticas de estudo ativo, como a autoexplicação, ajudam a reforçar o aprendizado. Esse método não só facilita a retenção de conteúdo, como também permite identificar lacunas de conhecimento e desenvolver uma compreensão mais profunda dos temas abordados.

INDICAÇÕES CULTURAIS

	**"Manual de Sobrevivência na Universidade", de Luis Fernando Garcia e Clarissa F. Barbosa.** O livro oferece orientações práticas sobre como lidar com disciplinas, estratégias de estudo, organização pessoal e como se destacar nas avaliações.
	**Atila Iamarino.** O canal traz uma visão científica aplicada a diferentes áreas, incluindo a metodologia de pesquisa científica e os desafios do mestrado e doutorado. Ele discute temas como a produção acadêmica, a escrita científica e a importância da leitura crítica.

TESTE SEUS CONHECIMENTOS

Sobre a fase de realização de disciplinas no mestrado ou doutorado, avalie a veracidade das seguintes afirmações:

I - Os cuidados ao cursar uma disciplina de abordagem predominantemente qualitativa não são exatamente os mesmos de se cursar uma de abordagem predominantemente quantitativa. Como exemplo, enquanto disciplinas de estatística exigem ampla revisão de cada etapa dos processos de cálculo, posto que um erro em etapa inicial pode acarretar erro do cálculo geral de um problema, as de metodologia qualitativa exigem grande aprofundamento do aluno nos "comos" e "porquês" das coisas. No momento de responder a questões, portanto, exigirão competências maiores de escrita acadêmica por parte do aluno.

II - Os programas de mestrado e doutorado ofertam, em geral, disciplinas obrigatórias e disciplinas optativas, também conhecidas como eletivas. É necessário que o aluno escolha muito bem suas optativas, a partir de critérios como: a aderência ao seu projeto de pesquisa, a quantidade de créditos da disciplina, seus horários, os professores que as ministram, entre outros.

III - Não devemos esquecer dos elementos básicos para que melhor possamos estudar para as disciplinas. Devemos preferir locais de estudo que sejam calmos, silenciosos, bem iluminados, confortáveis, e que nos coloquem em condições de passarmos horas estudando um determinado tópico, com boa produtividade.

Está correto o que se afirma nas seguintes assertivas:

a) I e II.

b) I e III.

c) II e III.

d) I, II e III.

ATIVIDADE DE AUTOAPRENDIZAGEM E PLANEJAMENTO

Como você pode equilibrar a escolha de disciplinas obrigatórias e eletivas com seus objetivos acadêmicos e profissionais?

A LEITURA ACADÊMICA COMO INIMIGA OU ALIADA

Este capítulo aborda a complexa tarefa da leitura acadêmica. Com vocabulário especializado e estrutura rigorosa, ela demanda mais que uma leitura casual, exigindo foco e paciência para decifrar os conhecimentos presentes. Apesar disso, é uma ferramenta primordial para o desempenho acadêmico e para o desenvolvimento de competências essenciais.

Além da complexidade, a gestão do tempo surge como um aspecto fundamental no processo de leitura. Com uma carga de até 350 páginas semanais, é necessário desenvolver estratégias que priorizem a leitura seletiva e eficiente. Métodos como o das três leituras ajudam a otimizar o tempo, permitindo uma compreensão mais rápida e estratégica dos textos, sem perder a profundidade necessária.

Entender a estrutura dos artigos científicos facilita a leitura e o aproveitamento das informações. Cada artigo é composto por seções padronizadas que seguem uma ordem lógica, permitindo que o leitor priorize partes mais relevantes de acordo com seus objetivos. Assim, a leitura acadêmica, quando bem organizada e aliada a uma gestão de tempo eficaz, transforma-se em um processo enriquecedor e produtivo.

A LEITURA ACADÊMICA E SUA IMPORTÂNCIA

Imaginar-se diante do desafio da leitura acadêmica assemelha-se a adentrar um cenário complexo para os alunos de mestrado e doutorado. Um dos receios mais proeminentes, sem dúvida, reside na habilidade de leitura. Essa apreensão se manifesta entre os estudantes, carregada de ponderações sobre a capacidade de enfrentar essa demanda significativa.

Aqueles que estão nos primeiros passos da trajetória acadêmica compreendem o desconforto de encarar uma profusão de artigos para leitura. Cada disciplina impõe uma quantidade considerável, e essa carga se multiplica exponencialmente, gerando uma acumulação que se assemelha a um quebra-cabeça composto por páginas e mais páginas. Esse processo não se alinha à lógica de uma leitura casual. Ao contrário, a leitura acadêmica transcende a superficialidade, apresentando-se como um desafio mais profundo. É caracterizada pela densidade vocabular, terminologia específica e métodos que podem parecer estranhos aos não iniciados. Longe da leitura ágil e imediatamente prazerosa, a leitura acadêmica demanda uma imersão mais cuidadosa.

Apesar de sua complexidade, a leitura acadêmica é um desafio superável, além de constituir-se como uma ferramenta estratégica importante para os mestrandos e doutorandos. No contexto dos artigos científicos, não apenas o conhecimento é absorvido, mas também a força propulsora que impulsiona o desempenho acadêmico. Assim, ao decifrar as intricadas páginas desses textos, os acadêmicos não apenas compreendem o conteúdo, mas adquirem uma autoeficácia valiosa. Neste tópico, vamos explorar a dualidade presente na leitura acadêmica, delineando os desafios que a envolvem e as recompensas reservadas aos que enfrentam esse oceano de conhecimento com coragem e determinação.

A GESTÃO DO TEMPO NO PROCESSO DE LEITURA

A gestão do tempo no processo de leitura acadêmica emerge como um dos pilares essenciais para o sucesso dos estudantes de mestrado e doutorado. Em meio ao vasto universo de textos científicos, teorias e métodos, a necessidade de equilibrar a imersão profunda em um tema específico com a habilidade de realizar escolhas estratégicas torna-se fundamental.

O mito da prática levando à perfeição cede lugar à compreensão de que a prática leva, na verdade, ao aperfeiçoamento. Ao longo de nossa jornada, testemunhamos trajetórias divergentes, como por exemplo, um colega que investiu sete anos em uma tese sem conclusão, culminando na desistência do doutorado, e outro que em apenas um ano, produziu uma tese de doutorado muito bem avaliada pela banca, aprovada em congressos e publicada nacional e internacionalmente. Entre o extremo temporal dessas experiências, reside um vasto campo de possibilidades, no qual a gestão do tempo se torna um elemento-chave.

No contexto do mestrado, a demanda de leitura pode atingir a impressionante marca de 300 a 350 páginas por semana. Aqui, a gestão do tempo deixa de ser uma mera formalidade e se transforma em um diferencial determinante. Nesse cenário, é imperativo adotar um método de leitura sistemática, pois a leitura integral de centenas de artigos torna-se impraticável. Nesse contexto, a leitura densa, específica e fascinante dos textos científicos pode, paradoxalmente, conduzir a armadilhas. A "gula livresca," um apetite desenfreado pela leitura, é um desafio comum. Muitos se encantam com a descoberta de novos termos, teorias e métodos, perdendo-se em um desequilíbrio perigoso. A falta de filtros e a incapacidade de fazer escolhas estratégicas resultam em um labirinto de informações, dificultando o enfrentamento da complexidade das leituras.

Figura B-2.1 - Complexidade da leitura acadêmica

Fonte: elaborada pelos autores, 2024.

É essencial compreender que, embora o mestrado e doutorado busquem nutrir o conhecimento e proporcionar alegria no aprendizado, armadilhas como a gula livresca podem desencadear problemas de saúde, incluindo depressão. A delicada gestão do tempo não apenas visa à conclusão de disciplinas, dissertações ou teses, mas também à preservação da saúde mental dos alunos. Dentro desse contexto, a leitura acadêmica assume um papel transformador quando aliada a uma gestão do tempo consciente e equilibrada. A seguir, exploraremos a estrutura de um artigo científico e o método das 3 leituras para ajudar você a otimizar esse processo desafiador e permitir que a jornada acadêmica seja enriquecedora e, acima de tudo, saudável.

A ESTRUTURA DO ARTIGO CIENTÍFICO

Para obter êxito no processo de leitura acadêmica, é crucial compreender a estrutura do artigo científico. Ler um artigo dessa natureza requer familiaridade com sua estrutura padrão para que faça sentido a leitura e, principalmente, para que você saiba o que priorizar nesse processo. Normalmente, um artigo tem entre 18 e 23 páginas, embora existam variações nesse número.

No geral, os artigos seguem uma estrutura razoavelmente padronizada composta por nove partes, conhecidas como seções. Essas partes incluem o título, resumo, palavras-chave, introdução, referencial teórico, procedimentos metodológicos, análise de resultados e discussão, considerações finais e, por fim, a lista de referências.

Figura B-2.2 - Estrutura do artigo científico

Fonte: elaborada pelos autores, 2024.

É interessante observar que a estrutura de dissertações e teses segue, em grandes linhas, a lógica dos tópicos apresentados na Figura B-2.2, mas, naturalmente, a quantidade de conteúdo nessas seções aumenta consideravelmente em dissertações e teses. Enquanto em um artigo a abordagem é mais concisa, dissertações e teses permitem uma exploração mais aprofundada dentro dessas seções, permitindo que cheguem a um número bem maior de páginas.

Ao iniciarem a leitura de artigos científicos, leitores iniciantes podem ficar confusos quando o texto não apresentar explicitamente o termo "referencial teórico". Existem artigos que começam diretamente listando os tópicos a serem abordados, como, por exemplo,

"Responsabilidade Social Corporativa". Nesses casos, isso indica que este é o primeiro tópico do referencial teórico, geralmente com dois ou três subtópicos. No início, é natural que a pessoa não tenha essa clareza e fique com dúvidas interpretando que ainda está na introdução. Por isso, é essencial compreender "esse bicho chamado artigo acadêmico". Ainda existem artigos que dispensam a inclusão de um referencial teórico extenso. Esses textos apresentam uma seção mais concisa, abordando brevemente estudos prévios sobre a temática, especialmente quando são publicados em comunidades especializadas e familiarizadas com o assunto. Esse tipo de artigo concentra-se em uma audiência que já tem conhecimento prévio sobre o tema, exigindo do leitor uma compreensão pregressa do assunto abordado.

Algumas vezes, essa seção pode ser denominada de diferentes formas, como revisão de literatura ou quadro teórico de referência. Nesse segmento, são oferecidas explicações sobre os temas e subtemas abordados no artigo, incluindo definições, histórico, conceitos, principais autores e o panorama da discussão dentro da temática. Funciona como uma breve introdução ao assunto, visando situar o leitor e fornecer explicações que serão posteriormente relacionadas com os resultados apresentados no artigo (caso este seja do tipo empírico).

O referencial teórico pode ser comparado a uma mesa-redonda, em que o autor atua como moderador, convidando especialistas no assunto para uma discussão aprofundada. Imagine convidar técnicos, comentaristas, jogadores e ex-jogadores de futebol para uma conversa moderada por você. Desse diálogo surgem explicações sobre o presente, passado e futuro do tema abordado, proporcionando uma compreensão abrangente, similar ao papel desempenhado pelo referencial teórico.

A seção que trata dos procedimentos metodológicos pode também ser referida como métodos, sendo menos comum incluir diretamente os instrumentos de coleta de dados, pois esses geralmente são considerados um subtópico dentro dos métodos. Assim, alguns optam por mencioná-los separadamente, como um tópico específico, evitando a nomenclatura "método". No entanto, de maneira geral, a seção destinada aos métodos não varia muito em sua denominação. O termo "metodologia" é frequentemente utilizado de forma equivocada nesse contexto. Metodologia refere-se ao estudo do método, assemelhando-se a uma aula sobre o tema. Contudo, na prática, essa seção não se propõe a realizar tal análise. Seu propósito é justificar e demonstrar os procedimentos metodológicos empregados na pesquisa. Apesar disso, é comum encontrar essa seção rotulada como "metodologia", especialmente devido à orientação da ABNT.

A seção de análise de resultados pode ser designada de diferentes maneiras. Alguns optam por simplesmente chamá-la de resultados, enquanto outros preferem apresentação e análise de resultados. Contudo, é preciso destacar que essa seção pode ou não estar acompanhada da discussão. A apresentação e análise dos resultados não equivalem à discussão. Assim, existem dois cenários possíveis: o primeiro, em que são apresentados os resultados, seguido pela seção de discussão, e o segundo, em que a análise de resultados é incluída juntamente com a discussão. Ao enfrentarem a defesa de mestrado, é comum que estudantes recebam *feedback* sobre a ausência de discussão em seus trabalhos. Pode surgir a dúvida: discutir com quem? O que exatamente deve ser discutido? Na academia, discutir implica estabelecer pontos de convergência e divergência com base em resultados e evidências, uma vez que se trata de um texto científico. A discussão envolve o resgate da literatura, a recuperação do referencial teórico e sua comparação com os dados coletados.

Para ilustrar, imagine um estudo sobre sustentabilidade e práticas de responsabilidade corporativa. No referencial teórico, você incorpora a afirmação de Pereira (2015) (citação fictícia) de que empresas que adotam práticas de responsabilidade social corporativa experimentam uma melhoria em sua imagem/reputação organizacional. Durante a coleta de dados, entrevista gestores, incluindo perguntas sobre as práticas de responsabilidade social e os ganhos percebidos. Alguns gestores afirmam que adotam tais práticas e que observam melhorias na imagem da empresa. Essas informações são refletidas nos resultados, com a inclusão de trechos da entrevista. Na seção de discussão, você deve ir além, triangulando essas informações e argumentando que as evidências obtidas corroboram as conclusões de Pereira (2015) na literatura, enriquecendo o debate com citações adicionais, documentos analisados e outras referências pertinentes. Isso caracteriza a verdadeira essência de uma discussão acadêmica.

A seção de considerações finais, também referida como conclusão, pode variar entre conclusão singular ou conclusões múltiplas, ampliando ainda mais sua abrangência. Seguindo essa seção, encontra-se a lista de referências. A inclusão das considerações finais, por vezes, gera perplexidade ou desconforto em indivíduos mais pragmáticos e objetivos. Isso ocorre devido à sua natureza, que consiste na recapitulação do que foi discutido. Algumas pessoas questionam: "Eu preciso abordar tudo novamente? Eu já expus isso na discussão? Já apresentei esses resultados, já os mencionei no resumo!".

À medida que você avançar na leitura e explorar as dicas e o método para a leitura de artigos, compreenderá a importância das considerações finais. Ao abordar essa seção, é comum iniciar reafirmando o objetivo do artigo, muitas vezes reescrevendo-o ou transformando-o em uma pergunta de pesquisa. Ressaltar o cumprimento desse objetivo e apresentar uma síntese dos resultados é importante nessa seção. Além disso, é fundamental discutir as limitações inerentes ao estudo, pois, ao optar pelo método A, inevitavelmente excluímos os métodos B e C, o que pode, em certo grau, restringir a abrangência do estudo. Essas limitações não tornam o estudo irrelevante, mas é necessário reconhecer sua existência. Por exemplo, em uma de nossas pesquisas, limitamo-nos a entrevistar apenas brasileiros, o que pode acarretar fragilidades científicas dependendo da temática em investigação. Portanto, abordar as limitações do estudo decorrentes das escolhas metodológicas é essencial, tanto para a transparência acadêmica quanto para proporcionar uma compreensão mais aprofundada aos interessados por seu trabalho.

As sugestões para pesquisas futuras constituem um parágrafo clássico na seção de considerações finais, representando um gesto generoso para aqueles que estão iniciando investigações sobre o tema. Autores experientes, que muitas vezes já publicaram diversos artigos sobre o assunto, compartilham *insights* valiosos sobre possíveis direções para futuras pesquisas dentro desse domínio. No entanto, é importante ter cautela ao elaborar essas recomendações, evitando incluir tarefas que poderiam ter sido realizadas durante o seu próprio trabalho. Uma prática comum entre os pesquisadores inexperientes é, ainda, sugerir ampliações de amostras, algo que, em tese, poderia ser feito pelo pesquisador em sua própria pesquisa. Posto de outro modo, as recomendações para pesquisas futuras devem refletir oportunidades identificadas ao longo do estudo, mas que não eram o foco direto da investigação. Por exemplo, uma aluna de mestrado conduziu um estudo sobre qualidade de vida e notou uma predominância de mulheres na função de operadora de caixa. Embora isso não fosse o foco principal do seu trabalho, tornou-se evidente durante a pesquisa. Como sugestão para estudos futuros, ela propôs uma investigação centrada em mulheres, explorando as razões por trás de sua menor representação em cargos de liderança. Essas recomendações delineiam oportunidades que surgiram durante a pesquisa, mas que não foram o foco principal da investigação.

Por último, há outro parágrafo tradicional nas considerações finais: aquele que aborda as contribuições centrais do artigo. É essencial destacar, nessa seção, se o estudo oferece contribuições em termos temáticos, teóricos, gerenciais, para indivíduos, organizações ou para impulsionar o desenvolvimento de políticas públicas, entre outras possibilidades. Embora não haja uma obrigatoriedade de abordar todas essas dimensões, pelo menos uma delas é recomendada, sendo que alguns periódicos podem exigir a inclusão de duas – um exemplo seria o da exigência de contribuições teóricas e gerenciais. Esse espaço nas considerações finais visa explicitar e reconhecer o valor agregado do estudo em diferentes áreas e setores.

Dica: o termo "contribuição" é muito significativo no universo acadêmico, e sugerimos que seja destacado em seu resumo, introdução e considerações finais. Os avaliadores do trabalho estarão atentos a essa palavra para compreender o impacto e a relevância do estudo. Portanto, seja claro ao descrever as contribuições específicas que seu trabalho oferece. Certifique-se de detalhar as maneiras pelas quais sua pesquisa contribui para o conhecimento existente ou para a compreensão do tema em questão. Essa clareza fortalecerá a percepção do valor agregado do seu estudo.

Deixamos a seção de Introdução por último, por ser "o cartão de visitas do artigo". A possibilidade de desinteresse por parte do leitor/avaliador é um dos principais desafios a serem superados pelos autores de artigos acadêmicos. A introdução varia, mas geralmente começa com uma contextualização do tema do artigo. Por exemplo, ao abordar a violência contra mulheres, inicia-se com um parágrafo contextualizando o fenômeno, utilizando dados reais de fontes como o Fórum de Segurança Pública Nacional, o Atlas da Violência, IBGE, ONU Mulheres, entre outros – para um exemplo real acesse o artigo de Barbosa *et al.* (2020), destacado nas referências ao final de nosso livro. Este primeiro parágrafo visa destacar a importância e relevância do tema a ser pesquisado. Após a contextualização, segue-se um parágrafo sobre a literatura relacionada ao tema, podendo incluir definições relevantes. Em seguida, apresenta-se o objetivo do trabalho, indicando qual é a proposta diante do cenário previamente contextualizado. Posteriormente, é introduzido o método utilizado para atingir esse objetivo, proporcionando uma síntese concisa.

Importante: na academia usamos com frequência o termo "GAP da literatura", visto como um vazio deixado pela literatura de um determinado tema e que pode ser preenchido/endereçado pelo seu artigo. A escrita desse GAP pode ser posicionada antes ou depois da apresentação do método. Essa lacuna é necessária para justificar o estudo e esclarecer para o leitor sua relevância.

Dica: os autores, em geral, procuram os GAPS da literatura na introdução e nas considerações finais de trabalhos de sua temática de interesse. Para escolher um bom GAP de literatura, é importante selecionar artigos publicados nos últimos 3-5 anos e em excelentes periódicos científicos (revistas acadêmicas), para assegurar que a lacuna a ser preenchida seja atual e relevante.

Por fim, algumas introduções incluem um resumo dos principais resultados e contribuições do artigo, bem como sua estrutura de seções. A decisão de incluir esses elementos também envolve questões de estilo. Em casos em que o espaço no trabalho é limitado e não há mais páginas disponíveis, a explicação da estrutura do artigo (que consiste em explicar para o leitor o que lerá em cada parte do artigo) é frequentemente a primeira a ser eliminada.

OS TRADUTORES E O MÉTODO DAS 3 LEITURAS

A utilização de tradutores contribui para compreensão de artigos científicos, especialmente quando esses documentos estão redigidos em idiomas diferentes daquele em que o leitor tem fluência. A barreira linguística pode se tornar um desafio significativo para muitos pesquisadores e estudantes, impedindo o acesso a informações valiosas. Portanto, buscar maneiras de "traduzir" conteúdos complexos é uma prática essencial para a expansão do conhecimento.

A importância de buscar artigos, livros ou outras fontes de leitura que auxiliem na interpretação de conceitos complexos é evidente. Muitas vezes, termos específicos de uma determinada área podem apresentar nuances que são difíceis de compreender sem um contexto adequado. Nesse sentido, contar com tradutores para esclarecer o significado exato de termos técnicos contribui para uma interpretação mais precisa do conteúdo. Note que, nesse caso, não nos referimos a tradutoras de idiomas estrangeiros, e sim no sentido de termos técnicos.

A internet se torna uma aliada valiosa nesse processo, permitindo uma busca mais livre e flexível por definições e explicações adicionais. Especialmente ao lidar com temas especializados, é comum deparar-se com termos técnicos ou jargões específicos. Consultar fontes *online* para elucidar esses conceitos pode ser fundamental para a compreensão do assunto em questão. Sobre esse ponto, ressaltamos a necessidade de utilizar fontes confiáveis. Além disso, a estratégia de começar com fontes mais simples antes de mergulhar em artigos científicos altamente complexos é uma abordagem inteligente. Ao adquirir uma compreensão básica por meio de materiais mais acessíveis, o leitor se prepara melhor para enfrentar textos mais avançados. Isso não apenas facilita a assimilação de informações, mas também ajuda a construir uma base sólida de conhecimento.

O mesmo princípio se aplica à leitura de artigos em um segundo idioma, como o inglês. Optar por ler inicialmente materiais sobre um determinado tema em português pode ser uma estratégia eficaz para familiarizar-se com os conceitos-chave antes de abordar textos mais técnicos na língua estrangeira. Essa abordagem facilita a transição, tornando o processo de compreensão mais fluido e eficiente. Em resumo, a utilização de tradutores, a busca por explicações adicionais na internet e a leitura prévia de materiais mais simples desempenham um papel estratégico na compreensão de artigos científicos complexos. Essas iniciativas ajudam a superar barreiras linguísticas e contribuem para uma assimilação mais profunda e eficaz do conhecimento científico.

Além dos tradutores, propomos aqui o método das três leituras como uma ferramenta eficaz para aprimorar o processo de leitura de artigos científicos, proporcionando uma gestão mais eficiente do tempo. Ao adotarem essa abordagem, os leitores serão guiados por três etapas, otimizando sua compreensão do conteúdo e agilizando a absorção de informações essenciais.

A primeira etapa é uma "leitura" rápida, com cerca de um minuto, focando em títulos, subtítulos e imagens. Na segunda etapa, a leitura torna-se mais detalhada, abrangendo o resumo completo, a introdução completa e a conclusão completa do trabalho. Por fim, a terceira etapa é uma leitura estratégica, em que você pode escolher ler seções específicas ou o artigo como um todo, dependendo dos objetivos da sua pesquisa. Vamos conhecer com mais detalhes cada uma delas.

Dica: na primeira etapa, reserve aproximadamente 60 segundos para a primeira "leitura" – trata-se, na verdade, de um primeiro contato com a obra em questão. Durante esse tempo, concentre-se em examinar os títulos, subtítulos e imagens presentes no artigo. Percorra todo o trabalho, observando atentamente esses elementos visuais. Faça isso percorrendo o artigo de ponta a ponta. Embora seja desafiador expressar totalmente o impacto desse método em nossa percepção, é semelhante a estar diante de um dragão. Ao dar uma volta completa ao redor dele e perceber que ele permanece inerte, você cria a expectativa de lidar com a situação. Pode haver incertezas, como a possibilidade de o dragão cuspir fogo, mas existe um grau de otimismo e esperança que o impulsiona a enfrentar o desafio.

Em uma etapa subsequente, a leitura detalhada concentra-se no exame minucioso do resumo, da introdução e das considerações finais do trabalho. Destaca-se a relevância das considerações finais, conforme mencionado anteriormente, que desempenha um papel importante ao fornecer informações valiosas sobre o trabalho. É essencial salientar que essa etapa não justifica uma leitura superficial do artigo; pelo contrário, constitui um processo contínuo que se fortalece caso o leitor vá para a próxima etapa.

Na terceira e última etapa, é importante ter em mente a flexibilidade de escolher entre a leitura integral das seções do artigo, quando necessário, ou focar apenas as seções pertinentes ao seu trabalho. Por exemplo, ao investigar o conceito de negócio social, pode não ser essencial nesse momento ler integralmente a seção de métodos dos artigos que abordam o tema. Em vez disso, pode fazer mais sentido concentrar-se nas seções de referencial teórico desses artigos, uma vez que essas fornecem uma compreensão abrangente do significado de negócios sociais.

MOMENTO DO CASO REAL

Pedro Henrique (pseudônimo) sempre foi um profissional dedicado, trabalhando há mais de oito anos no setor de tecnologia. No entanto, ele sentia que havia chegado a um ponto em sua carreira em que precisava de algo mais. Decidiu, então, ingressar no mestrado em Gestão para Competitividade, buscando aprimorar suas habilidades e contribuir com maior impacto na empresa onde trabalhava. Logo nos primeiros meses, Pedro Henrique percebeu que o desafio não seria apenas conciliar trabalho e estudos, mas também adaptar-se à leitura acadêmica, uma tarefa que ele subestimou inicialmente.

Em uma de suas primeiras disciplinas, Pedro Henrique recebeu uma lista extensa de leituras. O professor recomendou que os alunos lessem cerca de 300 páginas por semana, algo que o assustou. Acostumado com leituras rápidas e objetivas do mundo corporativo, Pedro Henrique se sentiu perdido diante de artigos densos, com uma linguagem técnica que exigia concentração e uma análise mais profunda. No início, ele tentou ler cada artigo do começo ao fim, sem uma estratégia clara, o que rapidamente o sobrecarregou. Seu primeiro desafio era gerenciar o tempo de forma eficaz para dar conta das leituras sem comprometer seu desempenho no trabalho e sua saúde mental.

Figura B-2.3 - O caso de Pedro Henrique

Fonte: elaborada pelos autores, 2024.

Após compartilhar suas dificuldades com alguns colegas mais experientes, Pedro Henrique foi introduzido ao método das três leituras. Ele começou a aplicar essa técnica para otimizar seu processo. A primeira leitura rápida dava a ele uma visão geral dos artigos; na segunda, ele se concentrava nos resumos, introduções e conclusões; e, na terceira, ele se aprofundava nas seções relevantes para suas pesquisas. Em pouco tempo, Pedro Henrique começou a lidar melhor com a carga de leitura e passou a enxergar a leitura acadêmica como uma ferramenta estratégica que o ajudava a desenvolver uma visão crítica e sofisticada sobre os temas discutidos em sala de aula. Sua experiência no mestrado, antes assustadora, agora se tornava uma jornada de crescimento intelectual e profissional.

Com base no caso real de Pedro Henrique (pseudônimo), fica claro que é importante ponderar sobre os objetivos da leitura acadêmica e avaliar o tempo dedicado às seções que possivelmente não tenham relevância significativa para seu objetivo com a leitura. Esse tempo precioso investido em seções do artigo pode ser direcionado para explorar outros artigos de forma mais eficaz. Vale ressaltar que não estamos sugerindo uma abordagem de mínimo esforço; pelo contrário, enfatizamos uma gestão eficiente do tempo para otimização do seu processo de leitura. Por favor, evite, sob qualquer circunstância, a prática de ler um artigo acadêmico linha por linha de maneira dispersa. Se essa abordagem foi adotada anteriormente, recomenda-se abandoná-la agora que você conheceu o método das três leituras.

INDICAÇÕES CULTURAIS

 SITE	**SciELO (Scientific Electronic Library Online). Plataforma de acesso livre a artigos acadêmicos em diversas áreas. Ideal para mestrandos e doutorandos que buscam material atualizado e relevante, com leitura completa e resumos.**
 LIVRO	**"Como Ler Livros", de Mortimer J. Adler e Charles Van Doren.** Clássico que ensina técnicas de leitura, desde a superficial até a analítica, essencial para desenvolver pensamento crítico e enfrentar textos densos na vida acadêmica.

TESTE SEUS CONHECIMENTOS

Qual das opções abaixo reflete corretamente uma estratégia eficaz para otimizar a leitura de artigos científicos no contexto de mestrado e doutorado?

A) A leitura acadêmica deve ser realizada de forma linear, lendo cada artigo do início ao fim, independentemente de sua relevância imediata para a pesquisa.

B) A prática constante de leitura acadêmica dispensa a necessidade de uma gestão do tempo, pois a quantidade de artigos a serem lidos diminui com o tempo.

C) O método das três leituras, que propõe uma primeira leitura rápida, seguida de uma leitura detalhada e, por fim, uma leitura estratégica, é uma forma eficiente de gerenciar o tempo na leitura de artigos acadêmicos.

D) A "gula livresca" é uma prática positiva, pois incentiva os alunos a lerem o máximo possível, sem a necessidade de priorizar ou selecionar leituras.

ATIVIDADE DE AUTOAPRENDIZAGEM E PLANEJAMENTO

Elabore um plano de leitura para a próxima semana, considerando 300 a 350 páginas de artigos acadêmicos, detalhando os critérios de seleção dos textos, a gestão do tempo e a aplicação do método das três leituras.

A IMPRESCINDIBILIDADE DA ESCRITA ACADÊMICA

Neste capítulo exploramos a escrita acadêmica, muitas vezes vista como um desafio por estudantes de mestrado e doutorado. Marcada pela formalidade e precisão, sua principal meta é a busca por argumentos fundamentados em evidências e análises críticas, com o intuito de contribuir para o corpo de conhecimento existente. Diferentemente de textos comerciais, que podem se basear em opiniões e simplificações, a escrita acadêmica explora nuances e complexidades, exigindo uma linguagem clara e objetiva, mas sem perder a profundidade analítica.

Adentrar no universo da escrita acadêmica exige o desenvolvimento de habilidades específicas, como a capacidade de argumentação embasada, análise crítica e o domínio de normas rigorosas. A familiaridade com outros estilos de escrita não garante sucesso imediato nesse campo, já que a escrita acadêmica demanda um cuidado especial com a organização das ideias e o uso adequado de metodologias de pesquisa. Embora seja desafiadora, essa forma de escrita proporciona uma jornada intelectual enriquecedora, essencial para a trajetória acadêmica e para o sucesso em publicações científicas.

CARACTERÍSTICAS DA ESCRITA ACADÊMICA

Ao adentrarmos no universo da escrita acadêmica é comum percebermos certo temor entre os alunos de mestrado e doutorado. No entanto, é preciso compreender que, por meio de algumas técnicas, essa modalidade de escrita pode transformar-se em uma experiência encantadora para aqueles que estão imersos nesse processo. Para desbravar esse território, é primordial entender as características que delineiam a escrita acadêmica e a diferenciam de outros estilos de redação.

Na essência da escrita acadêmica, busca-se um entendimento mais profundo e fundamentado sobre os temas abordados. É uma busca incessante por argumentos que, embora não se apresentem de forma definitiva, são respaldados por evidências, análises críticas e contribuições ao corpo de conhecimento existente. Ao contrário de outras formas de escrita que frequentemente se contentam com generalizações ou simplificações, a escrita acadêmica se propõe a desvendar nuances e complexidades, fornecendo uma visão mais precisa e substancial das questões em foco.

Nesse contexto, a escrita acadêmica não é apenas uma ferramenta para a comunicação de ideias. É um veículo que transporta o leitor para as profundezas do pensamento crítico e da investigação minuciosa. O comprometimento com a veracidade e a busca incessante pelo entendimento são pilares fundamentais que moldam a natureza singular da escrita acadêmica. Portanto, ao ingressar nesse universo desafiador, é imperativo compreender as técnicas específicas e abraçar a mentalidade que diferencia a escrita acadêmica. Este capítulo busca lançar luz sobre as características intrínsecas desse estilo de escrita, preparando o terreno para uma exploração mais aprofundada das ferramentas e práticas que tornam a escrita acadêmica não apenas uma obrigação, mas uma jornada enriquecedora.

Além disso, é essencial compreender que a carreira acadêmica encontra seu alicerce na escrita, que se revela como a estrada que conduz não apenas à conclusão de uma dissertação ou tese, mas também na participação em congressos, na aprovação de artigos e na publicação em periódicos científicos, também conhecidos como revistas acadêmicas. Em suma, é por meio de um currículo baseado na escrita acadêmica que se torna possível almejar posições docentes em níveis avançados, como a docência em programas de mestrado e doutorado.

A escrita acadêmica, por sua vez, não se assemelha a outros estilos de escrita aos quais possamos estar habituados. Pode ser que você já tenha o hábito de escrever extensivamente e sinta afinidade pela atividade, mas é importante destacar que a escrita acadêmica, escrita científica, apresenta desafios únicos, estruturas específicas e normas rigorosas. Mesmo para aqueles que se consideram proficientes em outros tipos de escrita, a abordagem acadêmica pode parecer intimidadora.

Por exemplo, a habilidade de redigir um poema excepcional, uma conquista magnífica e digna de reconhecimento, não confere automaticamente a alguém a expertise necessária para se tornar um bom escritor acadêmico. A escrita acadêmica demanda uma expressão eloquente, além de uma capacidade crítica de análise, argumentação embasada e a aplicação de metodologias de pesquisa específicas. Portanto, é importante perceber que a familiaridade com outros estilos de escrita não garante domínio na esfera acadêmica. Nosso texto não busca apenas elucidar a importância dessa forma de escrita, mas também destacar a necessidade de desenvolver habilidades específicas para se sobressair nesse cenário exigente e enriquecedor.

Ao refletirmos sobre a transição de um jornalista habilidoso para um exímio escritor acadêmico, podemos destacar que as discrepâncias residem, a depender do caso, na profundidade das reflexões trazidas. Enquanto o jornalismo muitas vezes foca na busca por evidências e dados concretos, a escrita acadêmica exige também um mergulho mais profundo na literatura e nas teorias que contribuem para a compreensão e explicação de fenômenos específicos (ainda que um excelente jornalista possa também utilizar-se de técnicas acadêmicas em seus trabalhos).

A formação de um jornalista, marcada por uma abordagem prática e orientada para a divulgação, por vezes rápidas de informações, pode não incluir o aprofundamento teórico necessário para a escrita acadêmica. Isso não é um demérito, mas sim uma evidência de que são campos distintos, cada qual com suas exigências. É fundamental reconhecer o jogo ao qual se está adentrando e compreender as nuances que permeiam a escrita acadêmica.

Mesmo para aqueles que têm o hábito de ler e escrever, e que buscam constantemente conhecimento, a transição para a escrita acadêmica não é automática. A recomendação aqui é esvaziar os preconceitos e vícios provenientes de outras formas de escrita e fontes de conhecimentos. Imagine uma página em branco na qual você irá desenhar o seu caminho na escrita acadêmica, sem carregar consigo as bagagens de outros estilos.

A escrita acadêmica, nesse sentido, assemelha-se a uma jornada em um território desconhecido, onde o frescor do novo aprendizado é crucial. Ela não apenas desenvolverá intelectualmente o autor, mas também aprimorará a capacidade de análise. Desde a Grécia Antiga, compreende-se que a função do acadêmico reside em duvidar do óbvio, em questionar o senso comum fundamentado em afirmações desprovidas de evidências científicas. Essa postura desafiadora, embora possa gerar desconforto, aproxima o acadêmico de um conhecimento que pode ser verdadeiro, tornando a jornada na escrita acadêmica não apenas desafiadora, mas profundamente recompensadora.

Figura B-3.1 - A jornada da escrita acadêmica

Fonte: elaborada pelos autores, 2024.

Ao explorarmos as características da escrita acadêmica em contraste com textos de revistas comerciais, como "IstoÉ", "Veja",

"Exame" e "Época", torna-se evidente que existem diferenças substanciais entre essas duas modalidades. Um exercício interessante é comparar um artigo comercial, encontrado em revistas populares, com um artigo acadêmico que pode ser acessado em plataformas como o Google Acadêmico.

Uma das diferenças mais marcantes e perceptíveis é o estilo de linguagem adotado. Os artigos comerciais geralmente empregam uma linguagem mais informal e coloquial, voltada para um público amplo. Em contrapartida, a escrita acadêmica se destaca pela formalidade em sua linguagem. É importante ressaltarmos que a formalidade aqui não se traduz necessariamente em uma linguagem rebuscada ou difícil, mas sim em uma estrutura cuidadosa e na escolha precisa de palavras, como discutido em nosso livro quando tratamos da estrutura de um artigo científico.

Outra distinção significativa está nas fontes de evidências utilizadas. Os artigos comerciais muitas vezes baseiam-se em opiniões e no senso comum, recorrendo a situações sem a devida apuração de fatos. Por outro lado, os artigos acadêmicos fundamentam-se em evidências sólidas, dados provenientes de pesquisas mais aprofundadas. Essa abordagem visa atingir condições que permitam generalizações ou, quando isso não é possível, oferecer explicações mais detalhadas e precisas. A busca por conclusões embasadas em dados é uma característica intrínseca à escrita acadêmica, distinguindo-a da abordagem menos precisa que vemos em parte dos artigos comerciais.

Além disso, o texto acadêmico, exceto em casos específicos, como em livros com temáticas que exigem maior contextualização, direciona-se de forma objetiva. Utiliza a norma culta da língua sem excessos, evitando o uso de termos técnicos que possam afastar aqueles que não são especialistas na área. A clareza e concisão tornam-se, assim, aspectos essenciais para garantir a acessibilidade e compreensão pelo leitor, independentemente de sua formação específica.

Essas diferenças fundamentais entre a escrita acadêmica e a comercial destacam a importância de compreender as particularidades desse estilo de redação ao adentrar no universo da pesquisa e produção científica. A escrita acadêmica se destaca por sua formalidade e por sua busca incessante pela veracidade, embasamento em evidências sólidas e clareza na transmissão do conhecimento, como já destacamos.

COMO "ENCANTAR" O LEITOR COM A ESCRITA ACADÊMICA

Encantar o leitor com a escrita acadêmica é um desafio que requer um equilíbrio entre formalidade e envolvimento. Como já vimos, a escrita acadêmica deve ser formal, estruturada e baseada em evidências. É essencial seguir normas como as da ABNT, organizando o texto em introdução, referencial teórico, metodologia, análise de resultados, discussão, conclusões e referências (ou seguindo a estrutura de outras normas técnicas). A formalidade não significa usar uma linguagem rebuscada, mas sim precisa e clara, evitando jargões desnecessários.

Palavras e parágrafos devem ser cuidadosamente escolhidos para garantir precisão. A clareza é fundamental, permitindo que mesmo assuntos complexos sejam compreendidos por um público mais amplo. Um bom texto acadêmico deve ser compreensível, podendo até ser explicado de forma simplificada para alguém leigo, a depender do tema, claro. Essa clareza ajuda a evitar que o leitor se perca em meio aos conceitos difíceis, mantendo-o engajado e interessado no conteúdo. Apesar disso nem sempre ser possível, é importante que o autor procure seguir esse caminho.

Apesar de formal, o texto acadêmico pode ser envolvente. Desde o resumo e a introdução, é importante capturar o interesse do leitor, apresentando o contexto, objetivos, métodos, principais resultados e contribuições de forma clara e atrativa. A escolha das palavras certas e a construção de um texto agradável são essenciais para manter o leitor interessado. Como sugere Murray S. Davis em seu clássico artigo "That's Interesting!", de 1971, a escrita acadêmica pode tornar-se cativante ao desafiar as expectativas do leitor, apresentando dados e análises de maneiras inesperadas e provocativas. A escrita deve ser impessoal e baseada em evidências, evitando opiniões soltas. O foco deve estar nos dados e nas referências, com um processo de revisão que assegure elevado grau de imparcialidade. A impessoalidade não deve comprometer o envolvimento do leitor, que pode ser positivamente atingido pela maneira como os dados são apresentados e discutidos. Davis (1971) argumenta que a apresentação de descobertas surpreendentes, que contrariam o senso comum, pode transformar uma escrita acadêmica em algo fascinante.

Um bom texto acadêmico também tem um componente artístico, necessitando de um "encantamento", especialmente na introdução. Mesmo sendo rigoroso e formal, o texto deve ser agradável de ler, como uma dança que envolve o leitor. Isso é particularmente importante em áreas de estudo que tratam de temas áridos, como a violência contra as mulheres, em que faz sentido que a introdução seja escrita tomando como base dados fortes. Se, por um lado, não devemos fazer um texto acadêmico para fins sensacionalistas, por outro lado, devemos evidenciar com todas as letras a importância do tema escolhido para nossos trabalhos e das ideias nele contidas. É possível, também, "romantizar" uma introdução de artigo acadêmico, mesmo com a formalidade necessária. Esse "romance" deve ser feito com cuidado e dentro das devidas proporções, mas pode tornar a leitura mais agradável e envolvente. Desde o resumo e a introdução, o artigo deve trazer uma visão geral objetiva dos métodos, resultados e contribuições, utilizando uma linguagem que cative o leitor desde o início. As palavras certas, a estrutura correta e os dados precisos devem formar uma unidade capaz de prender a atenção do leitor.

Andrew Van de Ven, em seu livro "Engaged Scholarship: a Guide for Organizational and Social Research", de 2007, ressalta a importância de engajar o leitor por meio da apresentação de resultados e pela maneira como a pesquisa é comunicada. Ele argumenta que uma escrita acadêmica envolvente é crucial para conectar conceitos e práticas, facilitando a aplicação dos conhecimentos gerados na pesquisa. Van de Ven (2007) enfatiza que o engajamento é essencial para que a pesquisa tenha impacto tanto na academia quanto na prática organizacional. Ademais, a escrita acadêmica pode ser enriquecida com anedotas e exemplos concretos que ilustram os pontos discutidos, tornando o texto mais humano e acessível. Davis (1971) indica que histórias e exemplos práticos ajudam a concretizar ideias abstratas, facilitando a compreensão e aumentando o interesse do leitor. Dessa forma, a pesquisa acadêmica torna-se não apenas uma apresentação de dados frios, mas uma narrativa envolvente que ressoa com o público, sendo sempre pautada por evidências.

A boa escrita acadêmica é especialmente importante ao longo do processo de cursar mestrado ou doutorado. Uma escrita clara, envolvente e bem estruturada pode fazer uma grande diferença na forma como a pesquisa é recebida por orientadores, bancas examinadoras e pela comunidade acadêmica em geral. Ela facilita a comunicação de ideias complexas, ajuda a destacar a relevância da pesquisa e pode influenciar positivamente a avaliação do trabalho. Além disso, a habilidade de escrever bem é um diferencial importante para a carreira acadêmica e profissional, contribuindo para o sucesso em publicações e para a disseminação do conhecimento. Uma escrita acadêmica envolvente e interessante pode abrir muitas portas, tanto no mundo acadêmico quanto fora dele. No ambiente acadêmico, a habilidade de comunicar ideias pode aumentar significativamente as chances de publicação em periódicos científicos de alto prestígio (*top journals*), melhorar a recepção de trabalhos em conferências, e fortalecer a rede de contatos com outros pesquisadores. Além disso, publicações bem escritas podem ser mais citadas e reconhecidas, contribuindo para a reputação e a carreira do pesquisador.

Fora do ambiente acadêmico, a habilidade de escrever de maneira clara e envolvente é igualmente valiosa. Empresas e organizações valorizam profissionais que podem comunicar conceitos técnicos e resultados de pesquisa de maneira acessível a um público mais amplo. Isso é particularmente relevante em áreas como consultoria, desenvolvimento de políticas públicas, comunicação científica e educação. Além disso, uma boa escrita pode influenciar decisões políticas, práticas empresariais e a percepção pública sobre questões importantes, ampliando o impacto social da pesquisa acadêmica. Seguindo essas diretrizes, é possível produzir uma escrita acadêmica que não apenas informa, mas também encanta o leitor, tornando a leitura uma experiência intelectualmente enriquecedora e agradavelmente envolvente. Incorporando elementos de surpresa e provocação, como sugerido por Davis (1971), e engajamento, como proposto por Van de Ven (2007), a escrita acadêmica pode transformar-se em uma ferramenta poderosa para comunicar ideias de maneira impactante e memorável.

MOMENTO DO CASO REAL

Lucas sempre foi muito estudioso e perfeccionista. Na escola, foi premiado diversas vezes e aprovado nas melhores faculdades federais. Concluiu sua Graduação com êxito e reconhecimento, sonhando em continuar seus estudos em um programa de pós-graduação renomado e tornar-se um pesquisador de referência. Para ele, o propósito de vida estava claro como água cristalina.

Contudo, em algum momento, esse propósito se perdeu. A vida o levou a atuar em outras áreas, e as responsabilidades se acumularam. Como bom perfeccionista, nunca encontrava o momento ideal para prosseguir com seu sonho: como conciliar trabalho, estudo e vida familiar? A exigência que Lucas imprimia em si mesmo o aprisionava.

Certo dia, tomou contato com as palavras de um sábio sobre capricho: "Fazer o melhor dentro das condições possíveis". Foi então que Lucas refletiu: "Preciso mesmo esperar condições ideais para concretizar meu propósito? Decidi buscar meu sonho, mesmo em condições imperfeitas, fazendo sempre o melhor possível".

Ingressou em um programa de mestrado que permitia conciliar seus diferentes trabalhos e sua vida pessoal. Apaixonou-se pela pesquisa acadêmica. Mesmo em um ambiente não ideal, dedicou-se com capricho, algo que despertou o interesse de excelentes professores pelo trabalho de Lucas, que viu essa oportunidade como algo providencial: ali estava a chance de avançar rumo ao seu propósito.

Figura B-3.2 - O caso do professor Lucas Baesso

Fonte: elaborada pelos autores, 2024.

Dedicar-se a uma boa escrita acadêmica o levou a ter trabalhos aprovados em congressos nacionais e publicações em periódicos reconhecidos. Durante o mestrado, Lucas percebeu como uma escrita clara, envolvente e bem estruturada fazia diferença na recepção de suas pesquisas. Facilitava a comunicação de ideias complexas e destacava a relevância do seu trabalho, influenciando positivamente sua avaliação. A habilidade de escrever bem tornou-se um diferencial importante, abrindo importantes portas.

Por fazer o seu melhor, mesmo sem condições ideais, Lucas abriu caminhos para alcançar seu sonho. Além de atuar como professor, foi aprovado para cursar seu doutorado em um dos programas de pós-graduação mais reconhecidos do país. Cada vez que Lucas entra na Universidade sente grande paz de espírito por estar cumprindo seu propósito.

ERROS MAIS COMUNS NA ESCRITA ACADÊMICA

A escrita acadêmica, uma forma altamente especializada de comunicação, exige atenção a diversos aspectos técnicos e estilísticos. Entre os erros mais comuns observados na produção de textos acadêmicos, destacam-se: a hipérbole e o exagero, a imposição de valores pessoais, a arrogância intelectual, o plágio, e a falta de clareza e precisão. Iremos, agora, discutir cada um desses erros em detalhes, apresentando exemplos e recomendações para evitá-los.

Uma das armadilhas comuns ao escrever textos acadêmicos, especialmente para estudantes em programas de *stricto sensu*, é o uso de hipérboles ou exageros. Muitos tendem a usar termos superlativos e generalizações, como "sempre", "todos" ou "é óbvio que". A precisão é vital na escrita acadêmica; palavras como "sempre" ou "todas" sugerem uma universalidade que raramente é verdadeira e podem comprometer a credibilidade do argumento. Em vez disso, deve-se adotar uma abordagem ponderada, evitando afirmações absolutas e optando por expressões mais precisas e embasadas.

Quadro B-3.1 - Exemplo: exagero

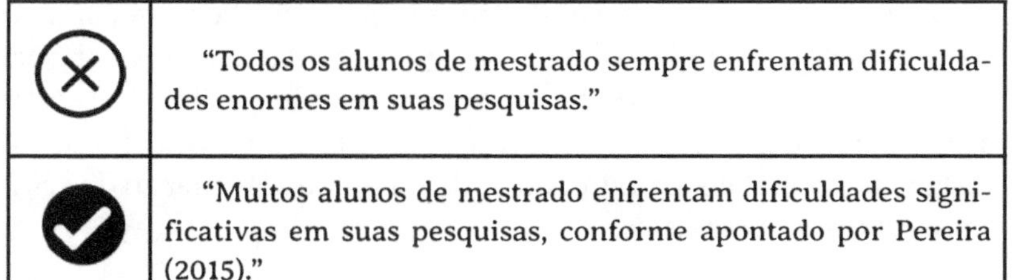

	"Todos os alunos de mestrado sempre enfrentam dificuldades enormes em suas pesquisas."
	"Muitos alunos de mestrado enfrentam dificuldades significativas em suas pesquisas, conforme apontado por Pereira (2015)."

Fonte: elaborado pelos autores, 2024.

Outro erro recorrente é a imposição de valores pessoais. Textos acadêmicos devem ser objetivos e imparciais, evitando, em geral, viés partidário ou ativista (há exceções a depender do tema e da área do trabalho). A escrita deve focar evidências e argumentos racionais, em vez de opiniões pessoais. Além disso, é importante evitar a arrogância intelectual. O texto deve ser acessível e respeitoso para com o leitor, mostrando generosidade e consideração por diferentes perspectivas. Essa recomendação é especialmente relevante considerando que o texto será avaliado por outros acadêmicos.

Quadro B-3.2 – Exemplo: imposição de valores pessoais

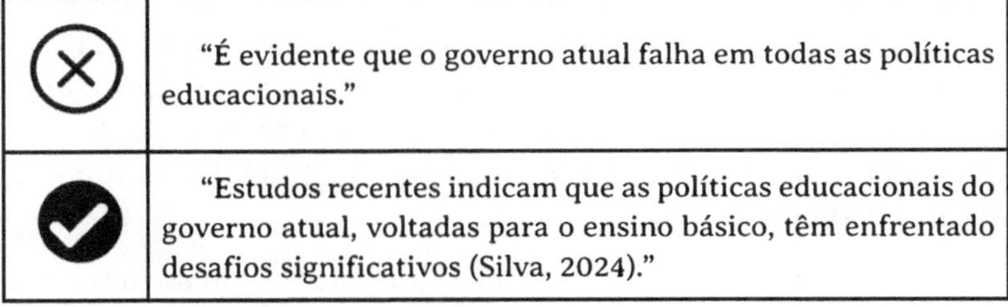

	"É evidente que o governo atual falha em todas as políticas educacionais."
	"Estudos recentes indicam que as políticas educacionais do governo atual, voltadas para o ensino básico, têm enfrentado desafios significativos (Silva, 2024)."

Fonte: elaborado pelos autores, 2024.

A arrogância na escrita acadêmica é outro problema comum. Trata-se de um tom que presume superioridade intelectual e desconsidera a perspectiva do leitor. É essencial lembrar que a generosidade e a clareza são fundamentais para comunicar ideias de forma eficaz. Para aprimorá-las, uma recomendação valiosa vem do Professor Manuel Portugal Ferreira, em seu livro "Pesquisa em Administração e Ciências Sociais Aplicadas: um Guia para Publicação de

Artigos Acadêmicos", do ano de 2018. Ele sugere que, ao escrever, devemos nos colocar no lugar do leitor e ler nosso texto em voz alta, o que pode ajudar a identificar e corrigir erros. Além disso, é crucial adotar uma atitude menos romântica em relação ao texto. A escrita acadêmica é um processo contínuo de escrita e reescrita, em que o apego emocional ao texto inicial pode dificultar a aceitação de críticas e revisões necessárias.

Quadro B-3.3- Exemplo: arrogância intelectual

	"A verdade sobre o comportamento organizacional é óbvia e só não vê quem não quer."
	"As teorias sobre comportamento organizacional são amplamente debatidas e, embora haja consenso em alguns pontos, ainda existem áreas de considerável debate (Teixeira, 2016)."

Fonte: elaborado pelos autores, 2024.

O professor Manuel Portugal Ferreira (2018) destaca que boas ideias podem ser transmitidas em poucas palavras, e essa capacidade de síntese demonstra um entendimento profundo do tema. Albert Einstein, por exemplo, conseguiu explicar a teoria da relatividade geral de maneira clara e concisa, o que ilustra que clareza não implica superficialidade. Pelo contrário, a habilidade de resumir complexos conceitos em frases simples é sinal de um domínio aprofundado do assunto.

Erros de imprecisão também são comuns. Iniciar um parágrafo com uma declaração que não é seguida de explicações ou evidências pode confundir o leitor. Cada parágrafo deve ter um objetivo claro e cumprir a promessa feita pela frase inicial. Outro erro é a informalidade, como fazer perguntas ao leitor ou criar suspense. Na escrita acadêmica, o principal resultado deve ser apresentado desde o resumo, diferentemente de um romance que mantém o suspense até o final.

Quadro B-3.4 - Exemplo: imprecisão

	"Os negócios sociais podem ser vistos como organizações que buscam uma missão social enquanto visam lucro."
	"A discussão sobre os negócios sociais ganhou força a partir da década de 1990. Esses negócios buscam combinar uma missão social com a obtenção de lucro (Pereira, 2015)."

Fonte: elaborado pelos autores, 2024.

Evitar textos longos sem citações é igualmente importante. Definir conceitos amplos, como ética, sem citar fontes reconhecidas, sugere falta de pesquisa e pode ser interpretado como arrogância intelectual. A humildade é essencial; reconhecer as contribuições de outros estudiosos e citar suas definições fortalece o argumento e demonstra respeito pela comunidade acadêmica. Finalmente, é obrigatório evitar o plágio, que ocorre quando se copia definições ou ideias sem dar crédito aos autores originais. Isso não só compromete a integridade acadêmica, mas também pode levar a sérias consequências, entre as quais destacamos a perda dos títulos de mestrado e doutorado. Portanto, ao definir termos ou apresentar ideias, sempre cite as fontes relevantes para garantir que o trabalho seja respeitado e bem recebido pela comunidade acadêmica. Por sua gravidade, o tema do plágio será abordado com maiores detalhes no próximo tópico.

PLÁGIO NA ESCRITA ACADÊMICA

Plágio é um problema grave na escrita acadêmica, sendo definido como a apropriação indevida das ideias ou palavras de outro autor sem a devida atribuição de autoria. Esse comportamento é considerado um crime contra a propriedade intelectual e é mais comum do que se imagina. Alguns alunos cometem plágio por desconhecimento das normas de citação e referenciação, enquanto outros o fazem de maneira intencional. A prática do plágio compromete a integridade do trabalho acadêmico e pode ter consequências sérias, como a perda de títulos acadêmicos e a desqualificação de programas de pós-graduação. A prevenção do plágio começa com a compreensão clara das normas de citação. Citar corretamente as fontes não é apenas uma recomendação, mas uma obrigação ética. A citação correta demonstra respeito pelo trabalho de outros pesquisadores e contribui para a construção de um diálogo acadêmico honesto e produtivo. A falta de citações adequadas desvaloriza o trabalho e coloca o autor em risco de ser acusado de plágio, o que pode resultar em graves repercussões, como já mencionamos.

Os programas de mestrado e doutorado são particularmente rigorosos com relação ao plágio. Alunos "pegos em plágio", seja em trabalhos de disciplina, dissertações ou teses, podem ser desligados dos programas, perdendo todo o progresso acadêmico alcançado. Esta rigidez é necessária para manter a integridade e a credibilidade das instituições acadêmicas e para garantir que os títulos concedidos reflitam verdadeiramente o mérito e a originalidade dos trabalhos realizados. Um caso notório de plágio que ilustra bem as graves consequências deste ato é o de Karl-Theodor zu Guttenberg, ex-ministro da Defesa da Alemanha. Em 2011, foi descoberto que partes substanciais de sua tese de doutorado haviam sido plagiadas. Após uma investigação minuciosa, a Universidade de Bayreuth retirou o título de doutor de Guttenberg, e ele foi forçado a renunciar ao seu cargo no governo. Esse escândalo não apenas arruinou sua carreira política, mas também manchou sua reputação pessoal e profissional. O caso de Guttenberg destaca como o plágio pode ter repercussões devastadoras, independentemente do *status* ou posição do indivíduo envolvido.

Para evitar plágio, é fundamental compreender que a escrita acadêmica nunca é um processo solitário. Embora teses e dissertações tenham um único autor, elas são construídas sobre o trabalho de muitos outros pesquisadores. Cada parágrafo, cada ideia, deve ser contextualizada dentro do corpo de conhecimento existente, e as fontes devem ser claramente citadas. Esse diálogo constante com outros autores enriquece o trabalho e garante que ele se insira corretamente na tradição acadêmica. A escrita acadêmica requer precisão e clareza, o que inclui a correta utilização de citações e referências. Um texto sem citações adequadas pode ser imediatamente rejeitado por revistas acadêmicas sérias. Além de ser uma questão ética, a correta citação é também uma exigência prática para a aceitação e publicação de trabalhos acadêmicos. A ausência de citação é frequentemente vista como um sinal de desrespeito e descuido, o que pode prejudicar a reputação do autor e do programa ao qual ele está vinculado.

Quadro B-3.5 - Exemplo: plágio

	"O conceito de liderança transformacional é central na gestão moderna" (sem citar a fonte).
	"Bass (1985) introduziu o conceito de liderança transformacional, que se tornou central na gestão moderna."

Fonte: elaborado pelos autores, 2024.

O plágio coloca em risco não apenas o autor, mas também os orientadores e as instituições envolvidas. Orientadores que supervisionam trabalhos com plágio podem encontrar-se em situações delicadas, em que precisam reprovar alunos e tomar medidas disciplinares. Instituições acadêmicas que não combatem eficazmente o plágio podem ver sua credibilidade e reputação seriamente comprometidas, afetando sua capacidade de atrair novos alunos e manter-se competitivas no campo da educação superior.

Por fim, é importante entender que a escrita acadêmica é um processo contínuo de aprendizado e aperfeiçoamento. A prática diária da leitura e da escrita, aliada ao cuidado constante com a ética e a integridade, é essencial para o desenvolvimento de trabalhos de alta qualidade. Professores e alunos devem trabalhar juntos para promover uma cultura de honestidade e rigor acadêmico, contribuindo para que a produção intelectual seja valorizada e respeitada.

INDICAÇÕES CULTURAIS

	**"A Arte da Pesquisa", de Wayne C. Booth, Gregory G. Colomb e Joseph M. Williams.** Este livro é um guia essencial para quem deseja dominar a escrita acadêmica, abordando desde a formulação de perguntas de pesquisa até a construção de argumentos claros e convincentes.
	**"O Jogo da Imitação" (2014).** Duração: 113 min. Este filme retrata a vida de Alan Turing, matemático e pioneiro da computação, e explora temas como o pensamento crítico e o papel da ciência e da pesquisa durante a Segunda Guerra Mundial, alinhando-se com a ideia de profundidade investigativa na escrita acadêmica.

TESTE SEUS CONHECIMENTOS

A seguir são enumeradas características fundamentais de um artigo, podendo ele ser científico ou não:

I) Obrigatoriedade de citar artigos científicos.

II) Escrita formal.

III) Rigorosa exposição da metodologia empregada.

IV) Livre exposição de opinião.

V) Uso livre de fontes como sites, leis, blogs e livros.

Assinale a alternativa que melhor indica as características de um bom artigo científico:

a) I e II

b) I, II e III

c) I, II, III e IV

d) I, II, III e V

ATIVIDADE DE AUTOAPRENDIZAGEM E PLANEJAMENTO

Que ações você pode tomar para aprimorar a formalidade, a clareza, e o uso de evidências em sua escrita acadêmica, tornando-a, ao mesmo tempo, mais envolvente e cientificamente rigorosa em seus próximos trabalhos?

O ORIENTADOR COMO HERÓI E/OU VILÃO

A relação entre orientador e orientando muitas vezes suscita a dúvida: o orientador é herói ou vilão? O capítulo explora como essa pergunta simplifica o tema, visto que a realidade é mais complexa e varia conforme as experiências individuais. O orientador pode ser visto como alguém que resgata projetos e oferece motivação, ou como quem impõe desafios insuperáveis, dependendo do contexto e das percepções de cada um.

No entanto, o orientador não deve ser visto como uma figura extrema. Ele é um ser humano com limitações, que busca guiar o orientando ao longo da jornada acadêmica. Suas ações podem tanto revitalizar pesquisas como também gerar atritos quando as expectativas não estão alinhadas. A chave para o sucesso está na parceria intelectual que surge da relação, sendo fundamental para o êxito no mestrado ou doutorado.

Assim, a categorização simplista de herói ou vilão é redutora. O papel do orientador varia ao longo do tempo e conforme as circunstâncias. O que realmente importa é construir uma relação sólida, baseada em respeito, transparência e disposição para crescer juntos. Esse entendimento é essencial para o sucesso acadêmico e para o desenvolvimento de futuras colaborações.

O ORIENTADOR É HERÓI OU VILÃO?

No cenário acadêmico, a relação entre orientador e orientando frequentemente suscita a questão: o orientador é herói ou vilão? Essa indagação, à primeira vista simplista, revela uma complexidade subjacente nas interações que ocorrem durante a orientação de mestrados e doutorados. Este capítulo propõe uma visão equilibrada que procura transcender os rótulos e lugares-comuns.

O orientador pode ser visto sob múltiplas perspectivas, refletindo a diversidade de experiências acadêmicas e pessoais de cada aluno. Em algumas situações, o orientador é visto como um herói que resgata projetos quase perdidos e oferece uma direção clara e motivadora. Em outros casos, ele pode ser percebido como um vilão, impondo críticas severas e desafios que parecem insuperáveis. Essa dualidade não é surpreendente, dado que o orientador exerce um papel multifacetado que vai além da simples supervisão técnica.

O orientador não deve ser visto nem como herói nem como vilão, mas como um ser humano sujeito a limitações e falhas. Ele não é um super-herói da Marvel, mas alguém que, com sua experiência e conhecimento, busca guiar o orientando em seu percurso acadêmico. Há casos em que um novo orientador assume um projeto desorganizado e consegue reverter a situação, trazendo novos ares e revitalizando a pesquisa. Entretanto, também há situações de conflitos e rupturas, em que desentendimentos e expectativas não alinhadas resultam em relações desgastadas.

É essencial reconhecer que a relação orientador-orientando deve evoluir para uma parceria intelectual. Após a conclusão do doutorado, ambos passam a ser pares acadêmicos, compartilhando o mesmo nível de titulação. Esse reconhecimento jurídico e formal, embora não elimine a reverência e o respeito pela experiência do orientador, estabelece uma base de igualdade fundamental para a colaboração contínua. O sucesso de um mestrado ou doutorado é amplamente influenciado pela qualidade dessa relação. Em nossa visão, baseada apenas em nossa experiência, cerca de 70% do êxito acadêmico pode ser atribuído ao encaixe entre orientador e orientando. A instituição, as disciplinas e os colegas desempenham papéis significativos, mas é na dinâmica da orientação que muitos desafios e soluções se encontram.

Figura B-4.1 - Orientador: herói ou vilão?

Fonte: elaborada pelos autores, 2024.

A caracterização do orientador como herói ou vilão é, em última análise, redutora e não captura a complexidade da relação. O orientador pode desempenhar ambos os papéis (ou próximos a eles) em diferentes momentos do processo, dependendo das circunstâncias e das interações com o orientando. Em muitos casos, a percepção do orientador como herói ou vilão reflete mais as expectativas e atitudes do orientando do que a realidade objetiva.

A construção de uma relação saudável e produtiva requer transparência, compromisso e, acima de tudo, uma disposição para crescer juntos. Tanto orientador quanto orientando devem estar abertos a críticas construtivas e dispostos a ajustar suas expectativas e métodos de trabalho. Compreender e nutrir essa relação é essencial para o sucesso acadêmico e para o desenvolvimento de futuras colaborações profissionais.

PARA QUE SERVE UM ORIENTADOR DE MESTRADO E DOUTORADO

Um orientador de mestrado e doutorado desempenha um papel fundamental na formação acadêmica de um estudante, proporcionando orientação e apoio em diversas frentes. Esse papel vai além de simplesmente supervisionar a pesquisa; envolve a criação de um ambiente propício para o desenvolvimento acadêmico e pessoal do aluno. O orientador é responsável por contribuir para que o aluno tenha uma visão clara do que é esperado em termos de pesquisa e padrões acadêmicos, oferecendo *feedback* contínuo e direcionamento.

O orientador é essencial para ajudar o aluno a planejar seu projeto de pesquisa, fornecendo orientação sobre a estrutura do trabalho, metodologias adequadas e fontes de literatura relevantes. Esse apoio inicial é essencial para permitir que o projeto tenha uma base sólida desde o começo. Além disso, o orientador contribui para que o aluno tenha acesso aos recursos necessários para a implementação do projeto, incluindo instalações, equipamentos e materiais.

Uma parte vital do papel do orientador é proporcionar *feedback* construtivo sobre o trabalho escrito e sobre as apresentações do aluno. Esse *feedback* não apenas ajuda a melhorar a qualidade do trabalho, mas também orienta o aluno sobre em que aspectos os padrões estão aquém do esperado, permitindo ajustes e melhorias contínuas. É essencial que o orientador mantenha uma comunicação regular com o aluno, seja por meio de reuniões individuais, tutoriais em grupo ou discussões informais, para monitorar o progresso e apoiar na resolução de dificuldades que surjam ao longo do caminho.

Além do suporte acadêmico, o orientador deve estar atento ao bem-estar dos estudantes. Reconhecer os desafios e pressões enfrentadas pelos alunos pode impactar positivamente seu desempenho e satisfação. Criar um ambiente inclusivo e acolhedor, em que a diversidade é valorizada e ajustes são feitos para atender às necessidades individuais, é essencial para o sucesso dos alunos. O orientador também é responsável por garantir a segurança nas atividades de pesquisa, realizando avaliações de risco e proporcionando o treinamento necessário para sua condução segura e eficaz.

Em última análise, o orientador serve como um guia, crítico e mentor, desempenhando um papel multifacetado que é indispensável para o desenvolvimento acadêmico e profissional do aluno. Essa relação, quando bem cultivada, facilita a conclusão bem-sucedida do projeto de pesquisa e prepara o aluno para futuras colaborações e contribuições significativas em seu campo de estudo. O orientador deve encorajar a participação do aluno em oportunidades de desenvolvimento profissional e ajudá-lo a preparar-se para a vida acadêmica e profissional, pós-mestrado e doutorado.

QUANDO VOU CONHECER O ORIENTADOR?

A experiência pessoal de estudantes e professores mostra que o momento de conhecer o orientador pode influenciar significativamente a trajetória acadêmica. Nos programas de mestrado e doutorado, a questão, "Quando vou conhecer o orientador?" é uma das mais frequentes e importantes para os candidatos. A resposta a essa pergunta pode variar significativamente de acordo com a instituição e o programa específico. Algumas universidades têm um processo de designação de orientadores logo no início do programa, enquanto outras permitem que os alunos passem por um período de adaptação antes de fazerem essa escolha crucial.

Em algumas instituições, o processo é bem estruturado, permitindo que os alunos escolham seus orientadores com base em interesses de pesquisa comuns. Esse método é bastante benéfico, pois possibilita que os estudantes se sintam mais confortáveis e motivados ao trabalhar com um orientador cujas áreas de especialização se alinham com seus próprios interesses. A possibilidade de interagir com o possível orientador antes da formalização da relação é uma prática que visa garantir uma compatibilidade acadêmica e pessoal, algo fundamental para o sucesso do projeto de pesquisa. Por outro lado, existem programas em que a designação do orientador é feita pela coordenação do curso, muitas vezes logo no início do programa. Esse método pode ser uma loteria, já que o aluno pode acabar sendo designado a um orientador que não conhece ou com quem não tem afinidade. Embora esse modelo possa parecer mais eficiente em termos de administração, ele pode gerar desafios significativos caso a relação entre orientador e orientando não funcione bem. O resultado desse caminho dependerá, em grande medida, dos critérios adotados pela coordenação do programa.

O timing dessa designação também varia. Em alguns programas, o orientador é designado após um período inicial de adaptação, durante o qual o aluno tem a oportunidade de conhecer melhor os professores e suas áreas de pesquisa. Esse período de ajuste pode ser de seis meses ou até um ano, dependendo da estrutura do programa. Esse intervalo permite que o aluno faça uma escolha mais informada, aumentando as chances de uma relação produtiva. Em alguns programas de mestrado ou doutorado, contudo, o aluno deve escolher a linha de pesquisa ou até mesmo o orientador já no momento da inscrição para o processo seletivo. Essa abordagem exige que o candidato tenha um claro entendimento de suas áreas de interesse e das especializações dos possíveis orientadores. Isso pode facilitar o início do trabalho acadêmico, pois o aluno já entra no programa com uma direção bem definida, mas também pode limitar a flexibilidade para explorar outras áreas de pesquisa após a admissão.

Em algumas universidades dos Estados Unidos, por exemplo, há casos em que os alunos só conhecem seus orientadores após a conclusão de todas as disciplinas do curso. Esse método, embora pareça gerar ansiedade, pode ser eficiente para garantir que a escolha do orientador seja baseada em uma compreensão profunda dos interesses de pesquisa do aluno e das capacidades do professor. Um exemplo similar a esse foi testemunhado pelo professor Marcello Romani durante seu estágio doutoral no MIT, em que os alunos de um dos programas de doutorado passam os primeiros três anos focados em suas disciplinas antes de interagir diretamente com seus orientadores, apesar de saberem no início do curso quem será seu orientador. Independentemente do momento em que ele é designado, a relação deve ser construída com base em respeito mútuo, comunicação aberta e comprometimento com o desenvolvimento acadêmico e pessoal do aluno.

Conhecer os trabalhos anteriores e as pesquisas em andamento dos potenciais orientadores é essencial para realizar uma boa escolha. Analisar publicações recentes, projetos de pesquisa e áreas de especialização pode fornecer uma visão clara sobre os interesses e competências dos professores. Isso não só ajuda a garantir que o orientador escolhido tenha experiência relevante no campo de estudo do aluno, como também facilita o alinhamento de expectativas e objetivos. Além disso, entender as metodologias e abordagens preferidas pelo orientador pode ajudar o aluno a se preparar melhor para o tipo de orientação que receberá. Para os alunos, é essencial aproveitar as oportunidades para interagir com os professores e conhecer suas áreas de especialização e estilos de orientação. Participar de seminários, *workshops* e reuniões informais pode ser uma excelente maneira de entender melhor quem seriam os melhores candidatos a orientador. Da mesma forma, os professores também se beneficiam ao conhecer os alunos antes de assumir a responsabilidade de orientá-los, garantindo que as expectativas estejam alinhadas e que haja um bom encaixe entre as necessidades e os métodos de ambos.

ESTABELECENDO UMA RELAÇÃO DE CONFIANÇA

Estabelecer uma relação de confiança com o orientador é fundamental para o sucesso no mundo acadêmico. O orientador não é apenas um guia acadêmico, mas também um mentor que pode influenciar significativamente a trajetória acadêmica e profissional do estudante. Essa relação de confiança é construída com base em vários fatores e deve ser cultivada continuamente para alcançar resultados positivos.

A comunicação aberta é fundamental desde o início. O aluno deve compartilhar seus objetivos, interesses de pesquisa e expectativas com o orientador. Da mesma forma, o orientador deve ser transparente sobre suas expectativas, métodos de trabalho e disponibilidade. Esse diálogo inicial ajuda a estabelecer um entendimento claro das responsabilidades de cada um e evita mal-entendidos futuros. Manter uma comunicação regular, com reuniões agendadas e um fluxo contínuo de informações, permite que ambas as partes se mantenham alinhadas e que qualquer problema possa ser resolvido rapidamente.

O respeito mútuo é outro pilar essencial. O orientador deve reconhecer e valorizar a individualidade e as ideias do aluno, enquanto o aluno deve respeitar a experiência e o conhecimento do orientador. Lembrar que o orientador também é um ser humano, com suas próprias limitações e compromissos, é fundamental. Paciência e empatia são elementos-chave nesse contexto, pois ambos precisam entender as pressões e desafios que cada um enfrenta. A escolha de um orientador com o qual você tenha afinidade pessoal e profissional é crucial para que a jornada acadêmica no mestrado ou doutorado seja bem-sucedida. Afinidade em termos de estilo de trabalho, abordagem de pesquisa e até personalidade pode facilitar a comunicação e tornar o processo mais agradável e produtivo. Ter uma boa relação pessoal com o orientador ajuda a criar um ambiente mais colaborativo e menos estressante, o que é essencial para o desenvolvimento acadêmico e emocional do aluno. Essa afinidade pode ser explorada desde o início, durante a escolha do orientador, verificando-se se as expectativas e os estilos de trabalho são compatíveis.

A consistência e a dedicação são fundamentais para uma relação de confiança entre aluno e orientador. O aluno deve seguir prazos e manter um ritmo constante de trabalho, enquanto o orientador precisa ser acessível e oferecer *feedback* construtivo regularmente. Essa troca constante de informações mantém o projeto no caminho certo e resolve problemas rapidamente. Estabelecer e revisar metas claras garante progresso consistente, e o cumprimento dos compromissos demonstra a seriedade do aluno. Iniciativa e proatividade também fortalecem a relação, mostrando o compromisso do aluno com seu próprio sucesso.

Figura B-4.2 - Estabelecendo uma relação de confiança com o orientador

Fonte: elaborada pelos autores, 2024.

Uma prática eficaz para fortalecer essa relação é o aluno se familiarizar com os trabalhos anteriores e as pesquisas em andamento do orientador. Isso demonstra interesse e respeito pelo trabalho do orientador e ajuda o aluno a alinhar suas expectativas e a adaptar seu projeto de pesquisa de acordo com as áreas de especialização do orientador. Conhecer as publicações recentes do orientador, seus projetos de pesquisa e suas metodologias preferidas pode fornecer *insights* valiosos sobre como ele trabalha e o que ele valoriza em uma pesquisa. Participar de seminários, conferências e *workshops* em que o orientador está presente pode ajudar a construir um relacionamento mais próximo e a compreender melhor suas expectativas.

A confiança também é fortalecida pela honestidade e pela responsabilidade. O aluno deve ser honesto sobre suas dificuldades e progressos, enquanto o orientador deve ser sincero em seu *feedback*, mesmo que isso signifique apontar falhas ou sugerir mudanças significativas no projeto. Essa honestidade construtiva, embora possa ser difícil de ouvir, é essencial para o desenvolvimento acadêmico do aluno. É importante que o aluno veja o *feedback* como uma oportunidade de crescimento e não como uma crítica pessoal. A construção de uma relação de confiança com o orientador é um processo contínuo que requer esforço e dedicação de ambas as partes. Um relacionamento bem-sucedido é aquele em que ambos, orientador e orientando, trabalham juntos em direção a objetivos comuns, com respeito mútuo, comunicação clara e uma compreensão compartilhada das expectativas e responsabilidades. Quando essa relação é bem cultivada, não só facilita a conclusão bem-sucedida do projeto de pesquisa, mas também prepara o aluno para futuras colaborações e contribuições significativas em seu campo de estudo.

Estabelecer uma relação de confiança com o orientador é, portanto, um dos elementos mais importantes para o sucesso acadêmico. É um processo que exige tempo, dedicação e um compromisso contínuo para manter a comunicação aberta, respeitar as expectativas e trabalhar de forma colaborativa. Quando feito corretamente, pode resultar em uma experiência de aprendizado rica e gratificante, que beneficia tanto o aluno quanto o orientador.

COMO IRRITAR O ORIENTADOR

Se estabelecer uma boa relação com o orientador é essencial para o sucesso acadêmico, saber o que pode irritá-lo é igualmente importante para evitar problemas desnecessários. Embora a relação entre orientador e orientando deva ser baseada em respeito mútuo, comunicação aberta e comprometimento, algumas atitudes e comportamentos podem comprometer essa dinâmica.

Primeiramente, desaparecer sem justificativa é uma das maneiras mais eficazes de irritar o orientador. Sumir das orientações, em especial quando o orientador reservou um tempo específico para você, pode ser extremamente prejudicial. Isso não só atrasa o progresso do seu trabalho, como também demonstra falta de comprometimento e respeito pelo tempo do orientador. É fundamental manter a comunicação constante, informando sobre qualquer imprevisto ou dificuldade que possa surgir. Outra forma de irritar o orientador é não cumprir os prazos acordados. A entrega pontual dos trabalhos é de suma importância para manter o cronograma de pesquisa e permitir que o orientador tenha tempo suficiente para revisar e fornecer *feedback* construtivo. Ignorar prazos e entregar trabalhos em cima da hora não só sobrecarrega o orientador, mas também compromete a qualidade do *feedback* que você receberá. Planejamento e organização são chaves para evitar esse tipo de problema.

Além disso, apresentar trabalhos mal preparados ou sem revisão pode irritar bastante o orientador. Quando você entrega um trabalho, espera-se que ele esteja bem escrito e revisado. Enviar documentos com erros de gramática, estrutura e formatação demonstra descuido e falta de profissionalismo. Dedique tempo para revisar seu trabalho antes de submetê-lo, garantindo que ele reflita seu melhor esforço. Outro ponto importante envolve a preparação para as reuniões de orientação. Aparecer sem um plano claro, sem materiais de suporte ou sem ter revisado os pontos discutidos anteriormente pode levar a reuniões improdutivas e frustrantes. Prepare-se adequadamente para cada encontro, tomando notas detalhadas do que foi discutido e dos próximos passos a serem seguidos.

Mudar o foco da pesquisa sem discussão prévia é outro comportamento que pode irritar seu orientador. A pesquisa acadêmica requer consistência e foco. Alterar o tema, os métodos ou os objetivos da pesquisa sem consultar o orientador pode levar a conflitos e desentendimentos. Sempre discuta quaisquer mudanças significativas com seu orientador e esteja aberto a ouvir suas opiniões e conselhos. É importante lembrar que o orientador não está lá para fazer o trabalho por você. Alguns alunos podem ter a expectativa equivocada de que o orientador irá escrever partes significativas do trabalho ou tomar todas as decisões difíceis. Esse não é o papel dele. Ele está lá para guiar, aconselhar e oferecer *feedback*, mas o trabalho é, em última instância, sua responsabilidade.

A falta de autonomia também pode ser um ponto de frustração. Enquanto é esperado que você busque orientação, depender excessivamente do orientador para cada pequeno detalhe pode ser irritante. Mostre iniciativa e capacidade de resolver problemas por conta própria. Isso demonstra seu comprometimento com a pesquisa e alivia a carga do orientador, permitindo que ele se concentre em orientações mais estratégicas e menos operacionais. Desrespeitar as recomendações do orientador também é uma maneira garantida de gerar frustração. O orientador tem experiência e conhecimento que são valiosos para a sua pesquisa. Se ele percebe que você não está implementando as sugestões fornecidas, pode sentir que está desperdiçando seu tempo. É importante levar a sério as orientações dadas e trabalhar diligentemente para incorporá-las em seu trabalho. Isso mostra que você valoriza a opinião do orientador e está comprometido com a melhoria contínua do seu projeto. Ignorar as recomendações de seu orientador pode acarretar graves consequências para sua trajetória no mestrado ou doutorado.

Para evitar esses erros, é fundamental estabelecer uma comunicação aberta e honesta desde o início. Se o orientador percebe que você está constantemente atrasado ou não está progredindo conforme planejado, ele pode começar a perder a confiança na sua capacidade de completar o trabalho. Isso é especialmente verdade se você não comunicar claramente os motivos dos atrasos e as medidas que está tomando para corrigir o curso. Transparência é fundamental para manter a confiança. Saber como não irritar seu orientador é tão importante quanto saber como encantá-lo. A relação com o orientador deve ser construída com base em comunicação clara, respeito, comprometimento e profissionalismo. Evitar os comportamentos mencionados acima ajudará a manter uma relação saudável e produtiva, fundamental para o sucesso de sua pesquisa acadêmica.

UM ERRO FATAL NO PROCESSO DA ORIENTAÇÃO

O descuido em não levar em consideração as recomendações e diretrizes do orientador pode ser fatal no processo de orientação. Esse erro pode comprometer seriamente o progresso e a qualidade da pesquisa, gerando frustrações e possíveis atrasos na conclusão do projeto. Como vimos, a relação entre orientador e orientando é construída com base em confiança, respeito mútuo e comunicação eficaz. Quando o aluno desconsidera as orientações oferecidas, essa relação é minada, prejudicando ambos os lados.

O orientador, com sua vasta experiência e conhecimento, fornece orientações para ajudar o aluno a seguir o caminho certo na pesquisa. Ignorar essas recomendações pode levar a desvios significativos no projeto. Por exemplo, se o orientador sugere alterações no método de pesquisa ou indica uma revisão da literatura específica, não seguir essas sugestões pode resultar em um trabalho desalinhado com os objetivos do projeto ou com as normas acadêmicas estabelecidas. Esse desvio pode trazer falta de coerência teórica e metodológica, comprometendo a validade e a credibilidade dos resultados obtidos.

Além disso, a falta de atenção às recomendações do orientador pode levar à repetição de erros. O *feedback* do orientador é essencial para identificar e corrigir falhas no trabalho. Quando o aluno ignora essas correções, ele perde a oportunidade de melhorar a qualidade de sua pesquisa e desenvolver suas habilidades acadêmicas. Isso pode resultar em versões subsequentes do trabalho que ainda contêm os mesmos problemas, frustrando tanto o orientador quanto o aluno. Essa situação pode culminar em revisões exaustivas e na necessidade de retrabalho, prolongando desnecessariamente o tempo de conclusão do projeto.

MOMENTO DO CASO REAL

Marcos, um estudante de doutorado, estava animado para iniciar sua pesquisa. Fascinado pelo conceito de "cidades inteligentes", ele decidiu que esse seria o tema central de sua tese. No entanto, em vez de discutir detalhadamente essa escolha com seu orientador, ele apenas mencionou brevemente sua ideia durante uma reunião. Convencido de que tinha uma visão clara do que queria fazer, mergulhou na literatura e começou a desenvolver seu projeto sem o *feedback* necessário.

À medida que o tempo passava, Marcos começou a perceber que o tema "cidades inteligentes" era muito mais complexo do que ele havia imaginado. Ele enfrentava dificuldades em definir um foco claro para sua pesquisa e em encontrar uma metodologia adequada. Apesar dessas dificuldades, ele hesitou em procurar ajuda de seu orientador, acreditando que poderia resolver os problemas por conta própria. Essa falta de comunicação acabou por criar um abismo entre ele e seu orientador, que estava preocupado com a falta de progresso e a direção incerta do projeto de Marcos.

Figura B-4.3 - O caso de Marcos

Fonte: elaborada pelos autores, 2024.

A busca solitária de Marcos por uma direção para sua pesquisa acabou lhe tomando muito tempo e energia. A situação piorou quando foi reprovado em disciplinas-chave do programa, que eram essenciais para a estruturação de sua tese. O orientador, ciente das reprovações, tentou intervir, mas Marcos já estava desmotivado e perdido. Ele havia investido tanto tempo em um tema que agora parecia inviável e, sem um plano claro ou apoio adequado, sentiu-se incapaz de seguir adiante. A falta de comunicação contínua e a negligência em seguir as diretrizes do orientador tinham levado a um ponto crítico.

Infelizmente, Marcos foi forçado a abandonar o programa de doutorado. Esse resultado poderia ter sido evitado se ele tivesse mantido uma comunicação aberta com seu orientador desde o início e seguido suas orientações. O caso real de Marcos serve como um alerta para a importância de uma relação colaborativa e transparente entre orientando e orientador. É crucial que os alunos consultem seus orientadores regularmente e considerem suas recomendações para evitar falhas e ter sucesso acadêmico.

Observamos, com base no caso de Marcos, o impacto emocional e psicológico que alguns erros podem causar. A relação de orientação é, muitas vezes, comparada a uma parceria. Quando um dos lados não cumpre com suas responsabilidades, a confiança é quebrada, resultando em uma atmosfera de tensão e desconfiança. O orientador pode sentir que seus esforços e tempo estão sendo desperdiçados, enquanto o aluno pode se sentir desamparado e isolado. Essa quebra de confiança pode levar a um ambiente de trabalho hostil, em que a comunicação se torna cada vez mais difícil, e a colaboração efetiva praticamente impossível.

As consequências desse erro não se limitam apenas à esfera acadêmica. A reputação do aluno pode ser significativamente prejudicada, dificultando futuras oportunidades de colaboração, publicação e até mesmo inserção no mercado de trabalho. Professores e colegas podem perceber a falta de profissionalismo e comprometimento, criando uma imagem negativa que pode ser difícil de reverter. Para evitar esse erro, é fundamental que o aluno mantenha uma comunicação constante e aberta com o orientador. Discutir todas as mudanças significativas no projeto e buscar orientação quando necessário são práticas essenciais. Além disso, o aluno deve demonstrar um compromisso contínuo em seguir as diretrizes estabelecidas, mostrando que valoriza a experiência e o conhecimento do orientador. Esses são os pilares de uma trajetória acadêmica produtiva e bem-sucedida.

INDICAÇÕES CULTURAIS

	**PhD Comics (http://phdcomics.com/).** Um site humorístico que retrata com precisão e ironia as experiências de estudantes de pós-graduação e suas interações com orientadores. As tirinhas abordam as complexidades do mundo acadêmico de uma forma leve e divertida, incluindo o papel dos orientadores.
	**Tese Onze.** Um canal brasileiro voltado para discussões acadêmicas, especialmente no campo das ciências sociais. A criadora, Sabrina Fernandes, aborda temas relevantes para estudantes de mestrado e doutorado, como o relacionamento com orientadores, desafios da pesquisa e vida acadêmica em geral.

TESTE SEUS CONHECIMENTOS

Sobre as atribuições do orientador de mestrado e doutorado, avalie a veracidade das seguintes afirmações:

I – Mostrar caminhos da pesquisa para o orientando.

II – Recomendação de leituras e reuniões de alinhamento.

III – Supervisão geral do processo de mestrado ou doutorado do orientando.

Está correto o que se afirma nas seguintes assertivas:

a) I e II.

b) I e III.

c) II e III.

d) I, II e III.

ATIVIDADE DE AUTOAPRENDIZAGEM E PLANEJAMENTO

De que maneira sua atitude em relação à comunicação, respeito mútuo e abertura ao *feedback* com seu orientador tem impactado ou pode impactar o desenvolvimento de sua pesquisa e o seu crescimento acadêmico e pessoal?

A CONDUÇÃO DA PESQUISA ACADÊMICA

O capítulo explora a importância de uma estrutura clara e sequencial para a condução de uma pesquisa acadêmica de qualidade. A metáfora do funil ilustra como o processo começa com a definição de um tema amplo e gradualmente se afunila para a problematização, formulação da pergunta de pesquisa e escolha do método de investigação. Cada etapa é interdependente e essencial para garantir o rigor acadêmico e a relevância da pesquisa.

A definição do tema estabelece a base para todo o processo, enquanto a problematização pode desafiar ideias e resultados existentes na literatura. A formulação da pergunta de pesquisa, orientada pela problematização, delimita o foco do estudo, e a escolha do método de investigação permite que a coleta e análise de dados sejam apropriadas para responder à pergunta. Assim, o funil acadêmico guia o pesquisador do conceito inicial até a metodologia, fortalecendo uma pesquisa significativa e inovadora.

O FUNIL ACADÊMICO: 4 GRANDES ELEMENTOS QUE VÃO EMBASAR UMA PESQUISA DE MESTRADO E DOUTORADO

A realização de uma pesquisa acadêmica, especialmente no contexto de mestrado e doutorado, é um processo complexo e multifacetado. Para conduzir uma pesquisa robusta e significativa, é fundamental seguir uma estrutura clara e bem definida. O funil acadêmico é uma metáfora útil para ilustrar as etapas essenciais dessa jornada, destacando quatro grandes elementos que embasam uma dissertação de mestrado ou uma tese de doutorado: a definição do tema, a problematização, a formulação da pergunta de pesquisa e a escolha do método de investigação. Cada um desses elementos contribuem para a construção de um trabalho acadêmico de qualidade.

Figura B-5.1 - O funil acadêmico

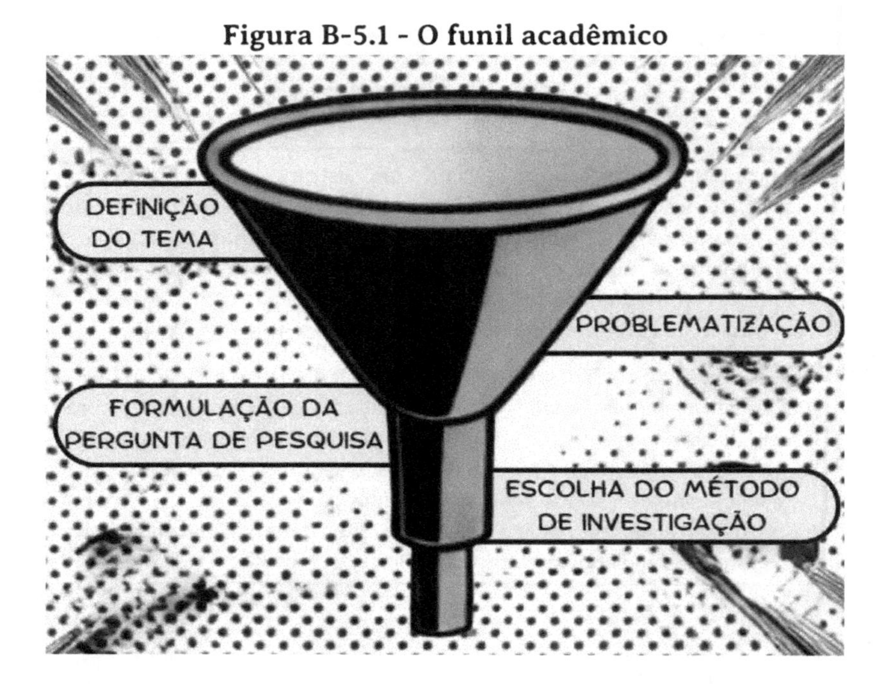

Fonte: elaborada pelos autores, 2024.

O funil acadêmico recebe esse nome porque ilustra de forma visual e sequencial as etapas de uma pesquisa acadêmica, começando de um ponto mais amplo e afunilando para aspectos mais específicos. A metáfora do funil ajuda a entender como a pesquisa começa com uma definição ampla de tema e vai se estreitando conforme se avança para a problematização, definição da pergunta de pesquisa e escolha do método de investigação. Essa estrutura facilita a compreensão do processo de refinamento e foco que ocorre durante a pesquisa.

A definição do tema é a base sobre a qual todo o processo de pesquisa é construído. Escolher um tema apropriado envolve identificar uma área de interesse pessoal e relevância acadêmica que seja viável para investigação. A escolha do tema pode surgir de experiências práticas, interesses teóricos ou até mesmo de *insights* pessoais. A importância dessa etapa inicial é que ela estabelece o contexto para a problematização subsequente. Sem um tema bem definido, é difícil identificar questões específicas ou lacunas na literatura existente que justifiquem a investigação.

Esse tema inicial tende a ser amplo, permitindo que o pesquisador explore várias facetas antes de estreitar o foco. Por exemplo, um pesquisador pode começar com o interesse geral em "sustentabilidade nas empresas" e, após realizar leituras e revisões da literatura, identificar uma área específica de interesse, como "práticas de responsabilidade social corporativa em pequenas empresas".

A problematização é o processo de identificar e desafiar as suposições subjacentes à literatura existente. Sandberg e Alvesson (2011) nos lembram que a problematização deve ir além de simplesmente procurar lacunas na pesquisa existente: é importante questionarmos as premissas fundamentais que sustentam conceitos e práticas atuais. Esse método não apenas revela novas áreas de investigação, mas também pode levar ao desenvolvimento de teorias mais inovadoras e influentes. Para ser eficaz, a problematização depende criticamente de um tema bem definido, pois sem uma compreensão clara do tema o pesquisador pode ter dificuldades para identificar quais suposições são mais relevantes e impactantes para questionar.

Com um foco mais restrito, o pesquisador pode então problematizar a literatura existente, identificando suposições que não foram suficientemente defendidas. Retomando nosso exemplo, um caminho possível seria questionar se as práticas de responsabilidade social corporativa em pequenas empresas são influenciadas mais por pressões externas do que por valores internos da organização. Esse processo refina o foco da pesquisa, transformando um tema amplo em um problema específico que é significativo e merecedor de estudo aprofundado.

Estabelecida a problematização, o próximo passo é a formulação de uma pergunta de pesquisa clara e precisa. Ela deve ser específica o suficiente para guiar o processo investigativo, mas aberta o suficiente para permitir uma análise relevante e abrangente. Perguntas de pesquisa bem formuladas frequentemente desafiam as suposições existentes de maneira significativa, contribuindo para o desenvolvimento de ideias mais interessantes e influentes. A relação entre a problematização e a pergunta de pesquisa é direta: a problematização identifica um problema ou uma lacuna na literatura e/ou no campo prático, e a pergunta de pesquisa visa explorar/preencher essa lacuna.

A eficácia de uma pergunta de pesquisa depende da profundidade e da clareza da problematização que a precede. Em nosso exemplo, a problematização pode levar à formulação de uma pergunta de pesquisa específica, tal como: "De que maneira as pressões externas influenciam as práticas de responsabilidade social corporativa em pequenas empresas?". Dessa forma, a pesquisa se torna focada e direcionada, permitindo uma investigação detalhada e significativa sobre a questão identificada.

Finalmente, o método de investigação escolhido deve ser adequado para responder à pergunta de pesquisa formulada. Essa etapa envolve a seleção de técnicas e procedimentos para coleta e análise de dados, garantindo que a pesquisa seja conduzida de maneira rigorosa e sistemática. A escolha do método é diretamente influenciada pela pergunta de pesquisa: métodos qualitativos são frequentemente usados para explorar fenômenos complexos e subjetivos, enquanto métodos quantitativos são mais apropriados para estudos que requerem dados mensuráveis e análises estatísticas.

Com a pergunta de pesquisa definida, o próximo passo é escolher o método de investigação mais adequado. Se a pesquisa de nosso exemplo busca entender as nuances e percepções dos gestores de pequenas empresas, uma abordagem qualitativa, como entrevistas em profundidade, pode ser bastante apropriada. Por outro lado, se o objetivo for medir a influência de diferentes tipos de pressões externas, uma pesquisa quantitativa pode ser indicada.

O funil acadêmico, com suas quatro etapas principais – definição do tema, problematização, formulação da pergunta de pesquisa e método de investigação – proporciona uma estrutura essencial para a condução de uma pesquisa robusta e significativa. Esse processo iterativo de refinamento e aprofundamento permite transformar um tema amplo em uma pergunta específica e selecionar um bom método. Cada etapa depende criticamente da anterior, criando um fluxo interdependente que guia o pesquisador do tema inicial até a metodologia apropriada. Dessa forma, os pesquisadores podem desenvolver estudos que não apenas atendem aos padrões acadêmicos, mas também oferecem contribuições inovadoras e impactantes para suas áreas de estudo.

O ESTADO DA ARTE DE UM TEMA ACADÊMICO

O estado da arte de um tema acadêmico refere-se ao conjunto mais atualizado e abrangente de conhecimentos, teorias, metodologias e dados disponíveis sobre um assunto específico. Esse conceito é fundamental para qualquer pesquisa de mestrado ou doutorado, pois fornece a base sobre a qual novos estudos são construídos. Para compreender o estado da arte, os pesquisadores devem realizar uma revisão detalhada da literatura existente, identificando as contribuições mais significativas, as lacunas no conhecimento e as tendências emergentes.

Ao mapear o estado da arte, o pesquisador não só se familiariza com o que já foi feito, mas também identifica oportunidades para novas contribuições. Como uma professora de metodologia brincou uma vez: "é como montar um quebra-cabeça em que algumas peças ainda estão faltando – e é o seu trabalho encontrá-las ou criá-las!".

Para iniciar o mapeamento do estado da arte, os pesquisadores utilizam bases científicas, como o Google Acadêmico, Web of Science e Scopus, que localizam uma vasta gama de artigos, teses e dissertações. A importância dessas bases não pode ser subestimada, pois contribuem para que o conhecimento adquirido seja de alta qualidade e esteja em consonância com as discussões mais recentes na área. A pesquisa começa com termos amplos, que são gradualmente refinados para focar aspectos mais específicos. Por exemplo, um estudo sobre "sustentabilidade nas empresas" pode ser direcionado para "práticas de responsabilidade social corporativa em pequenas empresas" após uma revisão da literatura. Nesse processo, os pesquisadores devem estar atentos a termos e conceitos que possam surgir.

O estado da arte também exige uma análise temporal, considerando trabalhos clássicos, estudos contemporâneos e previsões futuras. Ao fazer isso, o pesquisador deve criar um panorama completo, que inclua as origens do tema, seu desenvolvimento ao longo do tempo e as direções futuras. Isso é essencial para entender a evolução do conhecimento e para garantir que a nova pesquisa se situe corretamente dentro desse contexto histórico e teórico. Um bom mapeamento do estado da arte resume o que já foi dito e oferece uma visão crítica e integradora, destacando as interconexões entre diferentes estudos e identificando áreas de consenso e controvérsia.

Compreender o estado da arte de um tema acadêmico é uma etapa vital que exige dedicação e atenção aos detalhes. Ele não apenas fornece a fundação para a pesquisa, mas também guia o pesquisador em direção às perguntas de pesquisa específicas e metodologias adequadas. Em última análise, compreender e mapear o estado da arte é o que permite que a pesquisa acadêmica avance. E lembre-se, como diria um sábio professor: "a busca pelo estado da arte é como tentar beber água de um hidrante – pode ser esmagadora, mas, com prática, você aprende a controlar o fluxo!".

MOMENTO DO CASO REAL

Mariana estava no segundo ano de seu mestrado em Fisioterapia na Universidade de São Paulo (USP). Seu tema de pesquisa era terapias de reabilitação para pacientes pós-AVC. Toda semana, às quintas-feiras, ela se reunia com seu orientador, o professor Dr. Ricardo, para discutir o progresso de sua dissertação. Em uma dessas reuniões, o professor Ricardo perguntou: "Mariana, qual é o estado da arte de seu tema de pesquisa?".

"Estado da arte" era um termo familiar, mas entender seu significado era desafiador. Mariana precisava mapear a evolução das terapias de reabilitação para pacientes pós-AVC, desde os primeiros estudos até as mais recentes descobertas. Determinada, ela começou pesquisando os artigos clássicos nas bases científicas como PubMed e Scopus, identificando os pioneiros e compreendendo a evolução das terapias.

Figura B-5.2 – O caso de Mariana

Fonte: elaborada pelos autores, 2024.

Durante suas pesquisas, Mariana encontrou dois termos distintos: "neurorehabilitation" e "physical therapy for stroke recovery", o que a obrigou a reavaliar muito do material analisado. Embora frustrada no início, ela sabia que ajustes eram necessários. Para entender o presente, focou nos artigos dos últimos cinco anos, filtrando os mais citados e relevantes, e encontrou um artigo de revisão de literatura particularmente útil. Mariana também analisou tendências futuras, lendo artigos de conferências e relatórios de instituições renomadas, exigindo previsão e interpretação de novas direções na pesquisa.

A cada reunião semanal, Mariana compartilhava suas descobertas com o professor Ricardo, que brincava: "Mariana, todo mestrando e doutorando já ouviu esse termo, mas poucos entendem realmente o que significa até estarem imersos no processo". Isso a encorajava a continuar, mesmo diante das dificuldades.

Depois de meses de trabalho árduo, Mariana finalmente mapeou o estado da arte de seu tema. Sua revisão de literatura incluía uma análise detalhada dos estudos clássicos, uma síntese dos trabalhos recentes e uma discussão sobre tendências futuras. Ela se sentia confiante e preparada para as próximas etapas de sua dissertação.

O processo de estabelecer o estado da arte não foi fácil. Mariana enfrentou contratempos e desafios, mas aprendeu lições valiosas sobre persistência e rigor acadêmico. No final, ela sabia que estava mais próxima de contribuir significativamente para o campo das terapias de reabilitação pós-AVC, o que a motivava a continuar sua jornada acadêmica com determinação e entusiasmo.

OS TIPOS DE CONTRIBUIÇÃO DA PESQUISA

No vasto campo da pesquisa acadêmica, é essencial entender que as contribuições derivadas desses estudos são diversas e multifacetadas. Podemos categorizar essas contribuições em várias formas, que abrangem desde aspectos teóricos até implicações práticas. Entender os tipos possíveis de contribuição da pesquisa é algo fundamental para estudantes de mestrado e doutorado que buscam direcionar seus esforços para alcançar impacto significativo em suas respectivas áreas de estudo.

Primeiramente, uma contribuição fundamental é a **contribuição temática**. Ela ocorre quando a pesquisa aborda um tema relevante e/ou ainda pouco explorado, trazendo novos *insights* ou aprofundando o entendimento sobre ele. Por exemplo, ao estudar a sustentabilidade nas pequenas empresas, a pesquisa pode identificar práticas inovadoras que contribuem para o avanço do tema. Essa contribuição é vital, pois enriquece o conhecimento existente e abre novos caminhos para futuras investigações.

Outra forma essencial é a **contribuição teórica**. Aqui, o pesquisador busca expandir ou modificar teorias existentes, ou até mesmo criar teorias a partir dos dados e análises realizadas. Suponhamos que um estudo sobre responsabilidade social empresarial revele uma nova dimensão que não foi previamente considerada na literatura. Essa descoberta pode levar à reformulação de modelos teóricos e oferecer uma nova perspectiva para a compreensão do tema. A contribuição teórica, portanto, fortalece a base conceitual da área de estudo, proporcionando ferramentas analíticas mais robustas para outros pesquisadores.

A **contribuição metodológica** é igualmente relevante, apesar de menos comum. Ela surge quando o pesquisador desenvolve ou adapta métodos que podem ser utilizados por outros estudiosos. Por exemplo, na pesquisa qualitativa, a triangulação de múltiplas fontes de evidências (como entrevistas, documentos e observações) pode fornecer uma abordagem inovadora para coleta e análise de dados. Um exemplo prático disso é a criação de um modelo de triangulação que articula diferentes tipos de dados de forma eficaz, oferecendo um método replicável para futuros estudos.

Figura B-5.3 - Contribuições da pesquisa acadêmica

Fonte: elaborada pelos autores, 2024.

Além disso, temos a **contribuição para a formação de políticas públicas.** Quando uma pesquisa oferece dados e análises que podem ser utilizados para a formulação ou aprimoramento de políticas públicas, seu impacto vai além da academia e alcança a sociedade como um todo. Um exemplo disso é uma dissertação que propõe políticas para o desenvolvimento de carreira de mulheres negras no mercado de trabalho, influenciando diretamente decisões governamentais e iniciativas sociais.

A **contribuição gerencial** é outro tipo importante, direcionada para a prática de gestão em organizações. Ela ocorre quando a pesquisa oferece *insights* ou recomendações que ajudam gestores a tomar decisões mais informadas e eficazes. Por exemplo, um estudo que analisa práticas de gestão sustentável em pequenas empresas pode fornecer diretrizes práticas para gestores implementarem em suas organizações, melhorando a eficiência e sustentabilidade dessas empresas.

Por fim, temos a **contribuição para indivíduos**. Essa categoria refere-se ao impacto direto que a pesquisa pode ter na vida das pessoas. Estudos sobre violência de gênero, por exemplo, podem oferecer suporte e estratégias para vítimas, além de sensibilizar e educar agressores sobre as consequências de suas ações. Este tipo de contribuição é essencial para promover mudanças sociais e melhorar a qualidade de vida dos indivíduos envolvidos.

Como vimos, a pesquisa acadêmica oferece uma variedade de contribuições que vão desde a ampliação do conhecimento teórico até a implementação de mudanças práticas na sociedade. Cada tipo de contribuição tem seu valor e importância, e cabe também ao pesquisador a reflexão sobre quais impactos deseja alcançar. Ao fazer isso, ele aumenta a relevância e o impacto de seus trabalhos, e contribui para que seus esforços acadêmicos resultem em benefícios concretos para a academia e sociedade em geral.

INDICAÇÕES CULTURAIS

	**"Gênio Indomável" (1997). Duração:** 126min. O filme conta a história de Will Hunting, um jovem brilhante que trabalha como faxineiro no MIT e é descoberto por um professor após resolver problemas matemáticos complexos. Ele enfrenta desafios emocionais e pessoais enquanto lida com seu potencial acadêmico.
	**"A Construção do Problema de Pesquisa", de Maria Cecília de Souza Minayo.** É um guia prático para estruturar e definir problemas de pesquisa, fundamental para mestrandos e doutorandos. Ele explora as etapas da escolha do tema, problematização e formulação de perguntas consistentes.

TESTE SEUS CONHECIMENTOS

A seguir são enumeradas etapas iniciais da pesquisa acadêmica. Apesar destas fases não serem necessariamente tão rígidas em termos temporais, estabeleça a ordem lógica em que elas costumam ocorrem.

( ) Construção de uma pergunta de pesquisa (ou objetivo de pesquisa)

( ) Problematização dentro de uma temática específica

( ) Escolha de um método de investigação

( ) Definição de tema a ser investigado

Assinale a alternativa que melhor indica a sequência, sendo (1) para a etapa que ocorre primeiro e (4) para a que ocorre por último.

a) 3, 2, 4 e 1.

b) 2, 1, 3 e 4.

c) 4, 2, 1, e 3.

d) 2, 3, 4 e 1.

Resposta: alternativa a). A sequência correta é a seguinte: (i) definição do tema a ser investigado, (ii) problematização já dentro de uma temática específica, (iii) construção de uma pergunta, ou de um objetivo, que norteará todo o estudo e (iv) escolha de um método de investigação que seja adequado para alcançar os propósitos da pesquisa. Modificar a ordem temporal destas etapas é possível, porém não é recomendável quando o pesquisador tem baixa experiência em investigações acadêmicas.

ATIVIDADE DE AUTOAPRENDIZAGEM E PLANEJAMENTO

Como a definição do tema de uma pesquisa que pretende fazer pode impactar sua problematização, sua formulação da pergunta de pesquisa e sua escolha do método de investigação? Em complemento, quais ajustes você poderia fazer para tornar seu tema mais claro e relevante para a continuidade do estudo pretendido?

EIS QUE UM MUNDO SE ABRE: A RIQUEZA DAS BASES CIENTÍFICAS

O capítulo explora as bases científicas, essenciais para a construção de conhecimento acadêmico, localizando materiais revisados por pares, como artigos, teses e livros. Plataformas como Google Acadêmico, Web of Science e Scopus ajudam pesquisadores a encontrar informações de qualidade, contribuindo para a confiabilidade de suas pesquisas. Esses repositórios são cruciais para manter-se atualizado sobre as tendências e novos estudos em diversas áreas.

O uso das bases científicas traz várias vantagens, como a confiabilidade das fontes e a facilidade de acesso a uma ampla gama de temas. Além disso, os filtros oferecidos nessas plataformas, como por data de publicação ou tipo de documento, tornam as buscas mais precisas e eficientes. No entanto, o acesso a alguns conteúdos pode ser restrito.

Essas bases também são usadas em outros setores além da academia, como na saúde e nos negócios, auxiliando em tomadas de decisões baseadas em dados científicos atualizados. Apesar dos desafios de acesso e necessidade de habilidades avançadas de busca, aprender a utilizar essas ferramentas de forma eficiente melhora a qualidade da pesquisa, contribuindo para o avanço do conhecimento em diversas áreas.

O QUE SÃO E PARA QUE SERVEM AS BASES CIENTÍFICAS

Em um mundo em que a informação é acessível com apenas alguns cliques, distinguir entre fontes confiáveis e dados questionáveis é uma habilidade essencial, especialmente para acadêmicos e pesquisadores. É nesse contexto que destacamos as bases científicas, recursos vitais para a construção de conhecimento robusto e fundamentado.

Bases científicas são plataformas digitais que agregam e disponibilizam artigos acadêmicos, teses, dissertações, livros e outros materiais de pesquisa revisados por pares (acadêmicos). Exemplos comuns incluem Google Acadêmico, Web of Science, Scopus, SciELO e Spell. Como destacam Rosa e Romani-Dias (2019), esses repositórios são desenvolvidos para armazenar uma vasta gama de informações científicas, permitindo que pesquisadores encontrem literatura relevante sobre os mais diversos temas. A utilização de bases científicas oferece inúmeras vantagens. Primeiramente, garante a qualidade e a confiabilidade das fontes. Diferente de uma pesquisa geral na internet, em que os resultados podem incluir informações não verificadas, as bases científicas contêm apenas publicações que passaram por rigorosos processos de revisão por pares. Isso significa que os dados e as conclusões apresentadas foram avaliados por especialistas na área, contribuindo para sua validação.

Além disso, as bases científicas são fundamentais para manter-se atualizado com os avanços mais recentes de um campo específico. A ciência está em constante evolução, e novos estudos e descobertas são publicados regularmente. Acessar essas bases permite que os pesquisadores se mantenham informados sobre as tendências atuais, novas metodologias e debates emergentes. Outro aspecto fundamental é a amplitude de temas cobertos. Bases como o Google Acadêmico oferecem acesso a milhões de artigos sobre uma infinidade de assuntos, desde ciências naturais e exatas até ciências humanas e sociais. Isso facilita a realização de revisões de literatura abrangentes e detalhadas, essenciais para a construção de uma base teórica sólida em trabalhos acadêmicos.

Figura B-6.1 - O poder das bases científicas

Fonte: elaborada pelos autores, 2024.

A utilização de bases científicas não se limita à academia, tendo, portanto, aplicações práticas para diversas áreas. Por exemplo, na área médica, consultar bases científicas permite que profissionais de saúde acessem os estudos mais recentes sobre tratamentos e procedimentos, informando suas decisões clínicas com dados atualizados e confiáveis. Da mesma forma, no setor empresarial, gestores podem utilizar bases científicas para fundamentar decisões estratégicas. Estudos sobre inovação, gestão de recursos humanos, marketing e sustentabilidade, entre outros, fornecem *insights* valiosos que podem ser aplicados para melhorar a eficiência e a competitividade das organizações.

Apesar dos muitos benefícios, o uso de bases científicas também apresenta desafios. Um deles é o acesso restrito a alguns artigos e documentos, que podem estar disponíveis apenas mediante pagamento ou por meio de assinaturas institucionais. Por isso, é importante que universidades e instituições de pesquisa forneçam acesso a essas bases para seus alunos e pesquisadores. Outro desafio é a necessidade de habilidades específicas para realizar buscas eficazes e avaliar criticamente os resultados. Pesquisadores devem estar preparados para interpretar dados e discutir as implicações dos estudos de forma crítica e bem-informada. Isso inclui compreender os *rankings* e a reputação dos periódicos científicos (revistas acadêmicas) em que os artigos são publicados, para garantir que as fontes utilizadas sejam de alta qualidade. As bases científicas são ferramentas indispensáveis para qualquer pesquisador. Elas permitem acesso a informação de alta qualidade, contribuem para a atualização do pesquisador e oferecem um vasto acervo de conhecimentos sobre centenas de áreas do saber. Aprender a utilizá-las de forma eficiente é um investimento que se reflete na qualidade e relevância das pesquisas.

MOMENTO DO CASO REAL

Em tempos de ampla disseminação de informações pela internet, a circulação de notícias falsas, ou *fake news,* tem se tornado um problema significativo. Um exemplo emblemático (e obviamente absurdo) é o mito de que o suco de limão pode curar o câncer. Esse boato, amplamente compartilhado nas mídias sociais, afirmava que o suco de limão possuía propriedades anticancerígenas tão potentes que poderia substituir tratamentos convencionais, como quimioterapia e radioterapia, gerando falsa esperança em muitos pacientes.

Para contrariar essa alegação, uma busca rápida nas bases científicas confiáveis, como o Google Acadêmico, pode ser extremamente útil. Ao pesquisar termos como "lemon juice cancer cure", os resultados iniciais indicam claramente que não há suporte científico para a alegação de que o suco de limão possa curar o câncer. Estudos revisados por pares que mencionam o limão geralmente discutem seus benefícios nutricionais e seu potencial em prevenir danos celulares, mas não afirmam que ele pode curar o câncer.

Figura B-6.2 – O caso do suco de limão

Fonte: elaborada pelos autores, 2024.

Revisando os artigos mais citados, fica evidente que os benefícios do limão estão relacionados à saúde geral e à prevenção de doenças, devido ao seu conteúdo nutricional. A vitamina C, presente no limão, é conhecida por fortalecer o sistema imunológico, mas não tem capacidade comprovada de curar o câncer. Esse singelo caso ilustra a importância das bases científicas na verificação de informações, oferecendo acesso a pesquisas sérias e revisadas por pares, que ajudam a separar fatos de mitos.

A disseminação da *fake news* sobre o suco de limão como cura para o câncer demonstra como informações falsas podem gerar desinformação. Uma simples busca nas bases científicas pode contribuir para desmascarar tais alegações, enfatizando a necessidade de verificar as fontes antes de acreditar e compartilhar informações. A ciência, com sua metodologia rigorosa, continua sendo nossa melhor ferramenta contra a desinformação e *fake news*.

OS TIPOS DE FILTROS UTILIZADOS NAS BASES CIENTÍFICAS

A grande quantidade de dados disponíveis nas bases científicas pode ser avassaladora. Para facilitar a busca e garantir a relevância dos resultados, as bases científicas oferecem diversos tipos de filtros. Estes ajudam a refinar as pesquisas, tornando-as mais precisas e eficientes. A seguir, vamos explorar alguns dos principais tipos de filtros utilizados nas bases científicas.

Um dos filtros mais básicos e utilizados é o **filtro por palavra-chave**. Ele permite que os pesquisadores insiram termos específicos relacionados ao seu tema de interesse. Por exemplo, ao pesquisar sobre "sustentabilidade", a busca pode ser refinada para incluir subtemas como "responsabilidade social empresarial". Além disso, muitos sistemas de busca oferecem a opção de filtrar os resultados pelo título dos artigos, permitindo que apenas aqueles que contenham as palavras-chave especificadas no título sejam exibidos. Isso é particularmente útil quando se deseja encontrar estudos altamente relevantes para um tópico específico.

Outro filtro comum é o **filtro por data de publicação**. Ele é essencial para permitir que os pesquisadores estejam acessando as informações mais recentes e relevantes. A ciência está em constante evolução, e novos estudos podem oferecer *insights* atualizados que sejam importantes para a pesquisa. O filtro por data permite que os usuários limitem os resultados a um determinado período, como os últimos cinco anos, permitindo que a literatura revisada esteja atualizada com as descobertas mais recentes. No entanto, é importante equilibrar entre estudos novos e clássicos para obter uma visão abrangente do tema.

As bases científicas geralmente contêm uma variedade de tipos de documentos, incluindo artigos de periódicos, teses, dissertações, livros e conferências. O **filtro por tipo de documento** permite que os pesquisadores especifiquem quais tipos de fontes eles desejam incluir em sua busca. Por exemplo, se um pesquisador está interessado apenas em artigos revisados por pares, ele pode ajustar o filtro para excluir teses e livros. Esse filtro é particularmente útil para focar fontes que atendem aos critérios específicos de uma pesquisa acadêmica rigorosa.

Outro filtro importante é o **filtro por idioma.** Embora o inglês seja amplamente utilizado na publicação científica, muitos estudos relevantes são publicados em outros idiomas. O filtro por idioma permite que os pesquisadores incluam ou excluam resultados baseados no idioma de publicação. Isso é especialmente útil para pesquisadores que são fluentes em mais de um idioma ou que estão interessados em estudos de regiões específicas onde a pesquisa pode ser conduzida em línguas locais.

Muitas bases científicas oferecem a opção de **filtros por autor ou instituição.** Esse filtro é valioso quando os pesquisadores estão interessados em trabalhos de especialistas reconhecidos ou de instituições renomadas em uma área específica. Por exemplo, um pesquisador pode querer revisar todos os trabalhos de um autor que é uma autoridade no campo de estudos ambientais. Da mesma forma, buscar por artigos publicados por uma instituição de prestígio, como Harvard ou MIT, pode contribuir para que as fontes sejam de alta qualidade.

As bases científicas também dispõem de **filtro por área de conhecimento.** É particularmente útil em campos interdisciplinares, em que uma mesma palavra-chave pode ser relevante para diferentes áreas. Ao selecionarem a área de conhecimento apropriada, os pesquisadores podem garantir que os resultados da busca sejam mais alinhados com seu campo específico de estudo. Por exemplo, o termo "sustentabilidade" pode ser relevante tanto para ciências ambientais quanto para economia, e o filtro por área de conhecimento pode ajudar a refinar a busca para o contexto desejado.

Finalmente, muitos sistemas de busca oferecem **filtros baseados na relevância e no número de citações de um artigo**. Artigos altamente citados são geralmente considerados influentes e de alta qualidade, pois foram amplamente reconhecidos e referenciados por outros pesquisadores. Utilizar esse filtro pode ajudar a identificar as fontes mais importantes e impactantes em um campo de estudo. Além disso, alguns sistemas de busca classificam os resultados por relevância, considerando fatores como a frequência das palavras-chave e a proximidade entre os termos pesquisados.

Os filtros nas bases científicas são ferramentas poderosas que tornam o processo de pesquisa mais eficiente e preciso. Eles ajudam os pesquisadores na navegação pela vasta quantidade de informações disponíveis e a encontrar fontes que são altamente relevantes para suas necessidades específicas. Compreender e utilizar esses filtros de maneira eficaz é importante para realizar uma pesquisa acadêmica de alta qualidade.

AS PRINCIPAIS BASES CIENTÍFICAS

No campo da pesquisa acadêmica, o acesso a bases científicas confiáveis é essencial para a construção de conhecimento sólido e a realização de estudos de qualidade. As bases científicas fornecem uma vasta gama de artigos, teses, dissertações e outros materiais revisados por pares, fundamentais para a pesquisa. Entre as principais bases científicas utilizadas por pesquisadores em todo o mundo, destacam-se algumas:

Figura B-6.3 - Principais bases científicas

Fonte: elaborada pelos autores, 2024.

O Google Acadêmico é uma das ferramentas mais populares e acessíveis, permitindo a busca por artigos científicos, livros, teses, patentes e jurisprudências. A interface do Google Acadêmico é semelhante à do Google tradicional, mas os resultados são exclusivamente acadêmicos, proporcionando acesso fácil e rápido a uma vasta quantidade de literatura científica. No entanto, nem todos os documentos estão disponíveis gratuitamente, e alguns podem exigir acesso pago ou por meio de instituições de ensino.

A Web of Science é uma das bases de dados mais respeitadas e amplamente utilizadas no meio acadêmico. Ela oferece acesso a uma coleção abrangente de periódicos científicos de alta qualidade, cobrindo diversas áreas do conhecimento. Além disso, permite a realização de análises bibliométricas, como a contagem de citações, o que ajuda a medir o impacto de um trabalho ou autor. A Web of Science é uma base paga, geralmente acessada por meio de assinaturas institucionais, como universidades e centros de pesquisa.

Semelhante à Web of Science, a Scopus é uma base de dados abrangente que cobre um amplo volume de disciplinas científicas. Conhecida por sua interface amigável e ferramentas analíticas robustas, a Scopus permite aos pesquisadores acompanhar tendências de pesquisa, identificar principais autores e instituições, e realizar análises de citação detalhadas. Essa base de dados também é paga e frequentemente acessada por assinaturas institucionais.

A SciELO (Scientific Electronic Library Online) se destaca por sua cobertura de publicações científicas da América Latina e Caribe. Focada em promover o acesso aberto ao conhecimento, a SciELO oferece artigos completos gratuitamente, facilitando a disseminação de pesquisas de alta qualidade de países em desenvolvimento. É particularmente útil para pesquisadores interessados em estudos regionais e que buscam diversificar suas fontes de informação.

Já a Spell (Scientific Periodicals Electronic Library) é uma base de dados brasileira que oferece acesso a artigos científicos publicados em revistas acadêmicas nacionais. Voltada principalmente para as áreas de Administração, Contabilidade e Turismo, a Spell é uma ferramenta essencial para pesquisadores que desejam acessar a produção científica nacional. A maioria dos artigos nessa base está disponível em acesso aberto, promovendo a disseminação do conhecimento produzido no Brasil.

A ProQuest é uma base de dados que oferece uma vasta coleção de teses, dissertações, periódicos, jornais, relatórios e outras publicações acadêmicas. Amplamente utilizada em instituições de ensino superior, a ProQuest permite aos pesquisadores acessar documentos de alta qualidade em diversas áreas do conhecimento. A base é paga e geralmente acessada por meio de bibliotecas universitárias.

PubMed é uma das bases de dados mais importantes para pesquisadores da área da saúde. Ela oferece acesso a uma vasta coleção de artigos em biomedicina, cobrindo tópicos desde biologia molecular até práticas clínicas. PubMed é mantida pelo National Center for Biotechnology Information (NCBI) e a maioria dos artigos estão disponíveis gratuitamente por meio do PubMed Central (PMC). A acessibilidade e a amplitude da cobertura fazem da PubMed uma ferramenta indispensável para profissionais da saúde e pesquisadores biomédicos.

Além dessas bases de dados, muitas universidades e instituições de pesquisa mantêm suas próprias bibliotecas digitais, que incluem teses, dissertações e outras publicações acadêmicas produzidas internamente. Exemplos notáveis incluem a Biblioteca Digital de teses e Dissertações da USP (Universidade de São Paulo) e a Biblioteca Virtual da Fundação Getulio Vargas (FGV). Essas bases de dados são recursos valiosos para pesquisadores que buscam trabalhos específicos de uma instituição ou que desejam entender melhor a estrutura de dissertações e teses.

A escolha da base científica a ser utilizada depende do objetivo da pesquisa e das áreas de interesse do pesquisador. Cada base de dados oferece diferentes vantagens, seja pela amplitude da cobertura, pelas ferramentas analíticas ou pelo acesso a conteúdos regionais específicos. Saber utilizar essas bases de maneira eficiente é fundamental para qualquer pesquisador que deseja realizar um trabalho acadêmico de qualidade e relevância.

O USO EFICIENTE DAS BASES CIENTÍFICAS

A busca eficiente nas bases científicas é fundamental para a realização de pesquisas acadêmicas de qualidade. Um dos aspectos mais relevantes desse processo é o uso adequado das palavras-chave (também conhecidas como termos de busca). Escolher as palavras certas pode determinar o sucesso ou o fracasso de uma investigação bibliográfica, facilitando a localização de artigos relevantes e aumentando a eficiência da pesquisa.

O primeiro passo é a definição clara do tema. Por exemplo, se um pesquisador deseja explorar a sustentabilidade, é essencial refinar o tema para subtemas específicos como responsabilidade social empresarial em pequenas empresas. A partir dessa definição, as palavras-chave devem ser cuidadosamente selecionadas. Termos genéricos como "sustentabilidade" podem resultar em um número excessivo de resultados, muitos dos quais podem não ser diretamente relevantes. Refinar a busca com palavras-chave mais específicas, como "responsabilidade social empresarial de pequenas empresas", torna os resultados mais manejáveis e relevantes. Utilizar combinações de palavras e termos auxiliares também é uma estratégia eficaz. Dica: nesse caminho de pesquisa, tome sempre o cuidado de não abranger e também de não restringir demais seus termos de busca!

Ao se utilizarem bases científicas como Google Acadêmico, Web of Science, Scopus, SciELO e Spell, é possível empregar diversos filtros para otimizar a busca. Filtros por data, por tipo de documento (artigos, teses, dissertações), por autor ou por instituição, são extremamente úteis. Filtrar por data de publicação, por exemplo, ajuda a garantir que as informações sejam atuais. No entanto, é importante não ignorar estudos mais antigos, que podem fornecer uma base teórica robusta.

A escolha das palavras-chave deve considerar a terminologia usada pela comunidade científica. Um exemplo ilustrativo envolve a pesquisa de um termo específico como *commoditization*. Durante o desenvolvimento de uma tese, a descoberta de que *commodification* era um termo mais amplamente utilizado mudou significativamente o curso da pesquisa, revelando uma quantidade muito maior de literatura relevante. Isso demonstra a importância de estar atento às variações terminológicas e às palavras-chave relacionadas.

Importante: entender os *rankings* das revistas acadêmicas é crucial. Muitas vezes, os artigos mais citados e publicados em revistas de alto impacto são os mais relevantes e confiáveis. O Google Acadêmico, por exemplo, oferece uma ferramenta que mostra o número de citações de um artigo, o que pode ser um indicativo da sua importância e influência na área de estudo.

Quando se trata de montar um referencial teórico, vimos ser essencial considerar o estado da arte do tema. Isso significa compreender as pesquisas passadas, presentes e as tendências futuras. Filtrar a busca para incluir tanto estudos clássicos quanto recentes oferece uma visão abrangente e contextualizada do tema. Uma revisão de literatura bem fundamentada deve cobrir essas diferentes temporalidades, proporcionando uma compreensão mais completa do desenvolvimento do campo de estudo. As bases científicas também fornecem acesso a artigos específicos e revisões sistemáticas de literatura, que são particularmente úteis para entender o estado da arte. Essas revisões podem consolidar uma vasta quantidade de pesquisas em um único documento, facilitando a compreensão das tendências e lacunas na literatura existente.

Outro ponto importante é a validação das fontes utilizadas. Sempre que possível, é recomendável verificar os periódicos científicos em que os artigos foram publicados. Periódicos de boa reputação garantem que os estudos passaram por um rigoroso processo de revisão por pares, aumentando a confiabilidade das informações. Assistir a vídeos e tutoriais sobre como identificar periódicos científicos de alta qualidade pode ser extremamente útil para pesquisadores em início de jornada.

Portanto, a utilização eficiente das bases científicas depende do uso estratégico das palavras-chave corretas e da aplicação de filtros adequados. Entender a terminologia da área, considerar a relevância temporal dos estudos, e validar a qualidade das fontes são passos essenciais para uma pesquisa bem-sucedida. Com essas práticas, pesquisadores podem maximizar a relevância e a qualidade das informações obtidas, contribuindo significativamente para o avanço do conhecimento em suas áreas de estudo.

INDICAÇÕES CULTURAIS

	**Scopus – https://www.scopus.com/.** Uma das maiores bases de dados multidisciplinares, cobrindo milhares de artigos revisados por pares em ciências exatas, humanas, sociais e biológicas. É amplamente usada para pesquisas acadêmicas em diversas áreas.
	**Research Masterminds.** Um canal que oferece dicas práticas sobre o uso eficiente de bases científicas, metodologias de pesquisa, e estratégias para buscas acadêmicas, com foco em como melhorar a eficiência e relevância das pesquisas.

TESTE SEUS CONHECIMENTOS

Qual das seguintes estratégias seria a mais adequada para um pesquisador que busca realizar uma revisão de literatura abrangente e atualizada?

a) Realizar uma pesquisa geral na internet, priorizando fontes de notícias e blogs que discutem o tema, e usar as publicações mais recentes como base principal.

b) Utilizar bases científicas como Scopus e Web of Science para acessar artigos revisados por pares, filtrando os resultados por data de publicação e relevância para garantir que os estudos revisados sejam tanto atuais quanto já legitimados na área.

c) Focar exclusivamente em uma base regional como SciELO, acessando apenas os estudos que tratam da América Latina, sem necessidade de cruzar os dados com fontes internacionais.

d) Realizar buscas utilizando palavras-chave genéricas, como "sustentabilidade", para garantir que todos os artigos relacionados, sem distinção de área ou foco, sejam incluídos na revisão.

ATIVIDADE DE AUTOAPRENDIZAGEM E PLANEJAMENTO

Como as estratégias que você utiliza atualmente para buscar informações e fontes confiáveis se comparam às práticas recomendadas nesse capítulo? Em complemento, de que forma você poderia otimizar seu uso das bases científicas em uma pesquisa que deseja conduzir?

AS TÃO TEMIDAS BANCAS DE QUALIFICAÇÃO E DEFESA

O tópico deste capítulo é banca de mestrado e doutorado, um momento crucial para os alunos de pós-graduação, em que professores especializados avaliam o mérito do trabalho desenvolvido. Ela pode ser composta por uma banca de qualificação, que avalia a coerência e viabilidade da pesquisa, e a de defesa, em que o trabalho completo é apresentado. O resultado dessa avaliação pode influenciar o futuro acadêmico do estudante.

A banca de qualificação, em geral realizada perto da metade do curso (isso pode variar), é um momento decisivo que avalia se o projeto é adequado para seguir adiante. No mestrado, é bastante voltada para a clareza metodológica e teórica, enquanto no doutorado, busca contribuições teóricas mais expressivas. O processo é rigoroso e fundamental para garantir a qualidade e o sucesso da pesquisa.

Por fim, a banca de defesa é possivelmente o grande momento do mestrado e do doutorado. Nela o estudante apresenta seu trabalho completo para avaliação final. A postura e a preparação são essenciais para enfrentar as perguntas e críticas dos avaliadores. A aprovação, com ou sem revisões, marca a conclusão de anos de dedicação, consolidando a contribuição do estudante para o campo acadêmico.

O QUE É UMA BANCA DE MESTRADO E DOUTORADO

Uma banca de mestrado e doutorado é um dos momentos mais cruciais e de maior tensão na trajetória acadêmica de qualquer estudante de pós-graduação. É durante essa etapa que um grupo de professores, altamente qualificados e especializados, é convidado a avaliar o trabalho do candidato. Essa avaliação pode resultar na aprovação ou reprovação do estudante, influenciando assim seu futuro acadêmico.

A banca é composta por membros que têm a responsabilidade de julgar o mérito e a qualidade do trabalho apresentado. Esse processo começa com a banca de qualificação, que ocorre tanto no mestrado quanto no doutorado. A banca de qualificação é uma etapa intermediária que avalia a proposta do estudante, incluindo a introdução, o referencial teórico e a metodologia propostas. É um momento de críticas construtivas, em que grandes mudanças podem ser sugeridas para permitir a viabilidade do projeto de pesquisa. No mestrado, essa qualificação geralmente ocorre no primeiro ano e meio de curso, enquanto no doutorado acontece por volta do terceiro ano (tomando como exemplo a área de Administração, em que geralmente o mestrado tem duração de dois anos e o doutorado tem duração de quatro anos).

Figura B-7.1 - Defesa de tese

Fonte: elaborada pelos autores, 2024.

A importância da banca de qualificação não pode ser subestimada. É o momento em que o aluno é mais desafiado, pois ainda há tempo para fazer grandes ajustes no trabalho. Essa etapa é particularmente difícil para os mestrandos, pois é a primeira vez que enfrentam um nível tão alto de exigência acadêmica. A banca de qualificação do doutorado, além de avaliar os mesmos pontos que a do mestrado, também verifica se a pesquisa proposta tem o potencial de trazer uma contribuição inédita e relevante para a literatura acadêmica. No doutorado "a régua sobe", especialmente quanto ao rigor metodológico e relevância (conceitual e/ou prática) do estudo realizado.

Após a aprovação na qualificação, o próximo grande desafio é a banca de defesa. Nesse ponto, o trabalho está completo e inclui todos os capítulos tradicionais: introdução, referencial teórico, metodologia, análise de resultados, discussão, considerações finais e referências. A defesa é uma apresentação formal do trabalho completo, em que o candidato deve demonstrar domínio sobre o tema pesquisado e sobre os resultados alcançados. A banca é um rito formal, um momento que exige seriedade tanto na apresentação quanto na aparência. É comum que a banca faça questionamentos aprofundados, trazendo à tona possíveis fraquezas do trabalho que o candidato e o orientador já conhecem. Esse momento de críticas, embora desconfortável, é necessário para o aprimoramento do trabalho e para a formação acadêmica do candidato.

A experiência de passar por uma banca, seja de qualificação ou defesa, é um ponto de inflexão na vida acadêmica de um estudante. Enfrentar esses desafios com seriedade e dedicação não só aumenta a confiança do estudante, mas também reforça sua legitimidade e o sentimento de pertencimento à academia. O processo, apesar de rigoroso e exigente, é extremamente valioso e contribui significativamente para o desenvolvimento intelectual e profissional do candidato.

O QUE SE ESPERA DO MESTRE E DO DOUTOR SEGUNDO A CAPES

No contexto acadêmico brasileiro, a Coordenação de Aperfeiçoamento de Pessoal de Nível Superior (CAPES) desempenha um papel fundamental na definição das diretrizes e expectativas para mestres e doutores. Entender o que se espera desses títulos é importante para quem está inserido ou pretende ingressar em programas de pós-graduação no Brasil.

Para um mestre, a CAPES estabelece a expectativa de uma capacidade sólida de sistematização da literatura acadêmica. O mestre deve ser capaz de dialogar efetivamente com as teorias existentes, integrando e discutindo diferentes perspectivas de forma coesa e crítica. Esse processo envolve a revisão e compreensão aprofundada dos trabalhos anteriores e a habilidade de identificar lacunas e oportunidades dentro do campo de estudo. Dessa forma, o mestre contribui para a consolidação e expansão do conhecimento existente, preparando-se para um possível ingresso no doutorado ou para atuação profissional especializada. A obtenção do título de mestre exige uma pesquisa que, embora não necessariamente disruptiva, deve demonstrar rigor metodológico e clareza na apresentação dos resultados. O mestre também pode ser visto como um profissional capacitado para aplicar o conhecimento acadêmico em contextos práticos, seja na indústria, na educação ou em outros setores que demandem uma alta qualificação intelectual. A dissertação de mestrado, portanto, precisa evidenciar essa competência, mostrando que o candidato é capaz de conduzir uma pesquisa de maneira independente, respeitando os padrões éticos e científicos estabelecidos.

Já para o doutorado, as expectativas são mais elevadas. Segundo a CAPES, espera-se que o doutor faça uma contribuição inédita e relevante ao seu campo de estudo. Isso significa que a tese de doutorado deve apresentar resultados que ampliem as fronteiras do conhecimento, introduzindo, por exemplo, novas teorias, metodologias ou descobertas que tenham um impacto significativo na área de pesquisa. A originalidade e a relevância são, portanto, critérios centrais na avaliação de uma tese de doutorado.

O doutor é preparado para atuar não apenas como um pesquisador independente, mas também como um formador de opinião e líder acadêmico. Ele deve demonstrar uma compreensão profunda e abrangente de seu campo de estudo, sendo capaz de identificar problemas complexos e de propor soluções inovadoras. Além disso, o doutor deve ter habilidades avançadas de comunicação, tanto para disseminar suas descobertas em publicações científicas de alto impacto quanto para atuar na orientação e formação de novos pesquisadores. A trajetória de um doutor envolve um nível de exigência maior em comparação ao mestrado, refletido tanto na profundidade quanto na abrangência da pesquisa. Durante o doutorado, o candidato passa por um processo rigoroso de qualificação, em que a proposta de pesquisa é avaliada quanto à sua coerência e viabilidade. Essa fase é crucial para garantir que a pesquisa siga um caminho sólido e que tenha potencial para alcançar os objetivos propostos. Na defesa final, a tese completa é apresentada e defendida perante uma banca examinadora composta por especialistas da área, incluindo membros externos à instituição do candidato, o que confere maior imparcialidade e rigor ao processo avaliativo.

Em suma, a CAPES define o mestre como um profissional capacitado para sistematizar e aplicar o conhecimento acadêmico, enquanto o doutor é visto como um pesquisador inovador e líder intelectual, responsável por avançar as fronteiras do conhecimento. Ambos os títulos exigem dedicação, rigor e uma profunda compreensão dos princípios éticos e científicos, preparando os indivíduos para contribuir significativamente em suas áreas de atuação.

A BANCA DE QUALIFICAÇÃO

Como já visto, a banca de qualificação é um componente essencial na trajetória de mestrandos e doutorandos, atuando como um marco decisivo no desenvolvimento acadêmico do estudante. Por sua importância, traremos aqui mais detalhes sobre ela.

Sua principal função é avaliar a viabilidade e a coerência do projeto de pesquisa antes que o aluno avance para as fases finais de coleta e análise de dados. No mestrado, a banca de qualificação ocorre, em média, um ano e meio após o início do curso. Durante essa fase, o aluno apresenta uma proposta que inclui a introdução, o referencial teórico e a metodologia pretendida. A banca avalia a clareza do problema de pesquisa, a adequação dos objetivos e a consistência do referencial teórico escolhido. Além disso, examina a metodologia proposta para assegurar que seja adequada e viável para responder às questões de pesquisa formuladas.

No doutorado, a qualificação ocorre por volta do terceiro ano de estudo e, além dos mesmos componentes avaliados no mestrado, a banca também busca identificar o potencial de contribuição inédita e relevante para a literatura acadêmica. É um momento em que a originalidade e a profundidade da pesquisa são fundamentais, mesmo que o estudo ainda esteja em fase de planejamento. A banca avalia se a proposta de pesquisa tem potencial para trazer novas perspectivas ou descobertas significativas para o campo de estudo. A banca de qualificação é, muitas vezes, um momento de grande ansiedade para os alunos, especialmente para aqueles que estão passando por essa experiência pela primeira vez. O processo pode ser rigoroso, às vezes com duração de até quatro horas, durante as quais o aluno é submetido a um exame detalhado e crítico de sua proposta. A preparação para essa etapa é fundamental e envolve um estreito trabalho conjunto com o orientador, que revisa e sugere melhorias no projeto antes de ser submetido à banca.

A preparação para a banca de qualificação também requer atenção aos prazos e ao planejamento detalhado. O aluno deve enviar a versão preliminar do trabalho ao orientador com antecedência suficiente para permitir uma revisão minuciosa. Essa troca de versões e ajustes pode levar meses, dependendo da complexidade do projeto e da disponibilidade do orientador. Uma vez aprovada a versão preliminar pelo orientador, o próximo passo é agendar a banca, considerando o tempo necessário para que os membros possam ler e avaliar o trabalho antes da apresentação. Durante a apresentação, que dura cerca de 20 minutos, o aluno deve ser conciso e objetivo, focando nos pontos centrais de cada capítulo de seu trabalho. A postura durante a banca é primordial; o candidato deve demonstrar confiança, mas também humildade intelectual, estando aberto às críticas e sugestões dos avaliadores. É importante lembrar que, em geral, as críticas são direcionadas ao trabalho e não ao aluno, e manter uma atitude receptiva e respeitosa pode influenciar positivamente a percepção da banca sobre sua maturidade acadêmica.

Em resumo, a banca de qualificação é um momento de intensa avaliação e aprendizado. Ela permite que o aluno refine seu projeto de pesquisa com base no *feedback* de especialistas, contribuindo para que ele esteja bem preparado para as fases subsequentes de sua investigação. É um rito de passagem que, apesar de desafiador, fortalece a trajetória acadêmica do estudante, preparando-o para contribuir de maneira significativa para o conhecimento em sua área de estudo.

POSSÍVEIS RESULTADOS DA BANCA DE QUALIFICAÇÃO

Os possíveis resultados da banca de qualificação podem variar significativamente, afetando diretamente o curso da pesquisa e o cronograma do estudante. A seguir, detalhamos os possíveis desfechos de uma banca de qualificação, baseados nas diretrizes e práticas mais comuns em programas de pós-graduação.

Aprovação sem restrições

Este é o cenário mais desejado pelos estudantes. Quando a banca aprova a proposta de pesquisa sem restrições, significa que o projeto apresentado foi considerado coerente, bem fundamentado teoricamente e metodologicamente adequado. Nesse caso, o aluno pode seguir com a execução de sua pesquisa conforme planejado, avançando para a coleta e análise de dados. Embora seja uma situação tecnicamente possível, ela não é comum, pois mesmo bons projetos geralmente recebem sugestões de melhoria. Há muitos programas que não consideram a possibilidade de aprovações sem restrições.

Aprovação com recomendações

Na maioria das vezes, a banca de qualificação aprova o projeto com recomendações de ajustes e melhorias. Essas recomendações podem envolver alterações no referencial teórico, refinamentos na metodologia ou clarificações nos objetivos de pesquisa. Esse tipo de aprovação indica que o projeto é viável, mas que necessita de aperfeiçoamentos para garantir a robustez da pesquisa. O aluno deve então incorporar as sugestões recebidas e continuar com o trabalho, muitas vezes submetendo essas alterações ao orientador para uma última revisão antes de prosseguir.

Aprovação condicionada

A aprovação condicionada é um desfecho em que a banca exige que determinadas mudanças sejam implementadas e aprovadas antes de o estudante avançar para a próxima fase de sua pesquisa. Essas condições são geralmente mais rigorosas do que simples recomendações e podem incluir revisões substanciais no problema de pesquisa, na metodologia ou até mesmo no escopo do projeto. Nesse cenário, o estudante deve realizar as mudanças necessárias e submeter uma nova versão da proposta para avaliação do orientador.

Reprovação com possibilidade de reapresentação

A reprovação com possibilidade de reapresentação ocorre quando a banca identifica falhas significativas na proposta de pesquisa que comprometem a viabilidade do projeto. No entanto, a banca acredita que, com revisões substanciais, o projeto pode se tornar viável. Nesse caso, o estudante é orientado a reformular profundamente a proposta, corrigindo as falhas apontadas. Após realizar as mudanças, o aluno deve marcar uma nova sessão de qualificação, em que a banca avaliará novamente a viabilidade do projeto revisado.

Reprovação sem possibilidade de reapresentação

Embora menos comum, pode ocorrer uma reprovação sem a possibilidade de reapresentação imediata. Esse resultado é geralmente reservado para casos em que a proposta de pesquisa é considerada inviável ou inadequada para um projeto de dissertação ou tese, mesmo com revisões. Quando isso acontece, o estudante precisa desenvolver um novo projeto de pesquisa, o que pode atrasar significativamente o seu cronograma acadêmico. Esse cenário reflete uma falha na preparação e planejamento do projeto, ressaltando a importância de um acompanhamento próximo pelo orientador durante o desenvolvimento da proposta. Em muitos programas duas reprovações em banca representa o desligamento do aluno de seu curso, seja ele de mestrado, seja ele de doutorado (por isso é sempre fundamental que o aluno conheça o regimento do programa em questão).

Os diferentes desfechos da banca de qualificação têm implicações diretas no cronograma e na execução da pesquisa do estudante. A aprovação, com ou sem recomendações, permite que o aluno avance para as etapas seguintes da pesquisa, enquanto a reprovação, especialmente sem possibilidade de reapresentação, pode requerer um replanejamento completo do trabalho. De todo modo, é crucial que o estudante compreenda as críticas e sugestões da banca de forma construtiva, utilizando esse *feedback* para fortalecer seu projeto.

PREPARAÇÃO PARA A BANCA: PRAZOS, POSTURA DURANTE A BANCA, FORMALIDADES

A preparação para uma banca de qualificação é um processo detalhado e essencial para o sucesso na trajetória acadêmica de um estudante de mestrado ou doutorado. Esse preparo envolve o cumprimento rigoroso de prazos, a adoção de uma postura adequada durante a apresentação e o respeito às formalidades acadêmicas.

O planejamento e o cumprimento dos prazos são fundamentais para garantir que a banca de qualificação ocorra sem contratempos. O processo começa com a elaboração da versão preliminar da dissertação ou tese, que deve ser submetida ao orientador para uma revisão minuciosa, como já vimos. Esse processo de revisão pode levar várias semanas ou até meses, dependendo da complexidade do trabalho e da disponibilidade do orientador. É importante que o estudante tenha em mente que o orientador pode solicitar diversas revisões antes de aprovar a versão final para a banca.

Depois que o orientador aprova a versão preliminar, o próximo passo é agendar a banca, o que geralmente requer uma antecedência de 15 a 20 dias. Esse prazo é necessário para que os membros da banca tenham tempo suficiente para ler e avaliar o trabalho. A coordenação desse agendamento pode ser desafiadora, especialmente considerando a agenda ocupada dos professores. Além disso, o estudante deve estar ciente dos prazos administrativos da instituição, como a entrega de documentos e a formalização do agendamento da banca na secretaria acadêmica. O cumprimento rigoroso desses prazos é fundamental para evitar atrasos que possam comprometer a data da qualificação.

A postura do candidato durante a banca é um elemento-chave que pode influenciar a percepção dos avaliadores sobre o seu trabalho. Uma apresentação bem-sucedida não depende apenas do conteúdo do trabalho, mas também da forma como o candidato se comporta e responde às críticas e perguntas dos membros da banca. Durante a apresentação, é essencial que o estudante seja claro, conciso e direto ao ponto. O uso de slides pode ajudar a destacar os principais aspectos do trabalho, mas é importante não sobrecarregar a apresentação com excesso de informações. A confiança também é elemento fundamental: o candidato deve demonstrar domínio sobre o tema de pesquisa e responder às perguntas de forma calma e ponderada.

Figura B-7.2 - Preparação para a banca

Fonte: elaborada pelos autores, 2024.

A reação às críticas é outro aspecto importante. O candidato deve manter uma postura de humildade intelectual, evitando comportamentos defensivos ou confrontadores. Como já destacado, é importante enfatizar que as críticas são direcionadas ao trabalho e não ao indivíduo, e que a banca está ali para contribuir para o aprimoramento da pesquisa. Tomar notas durante as observações da banca e mostrar-se receptivo às sugestões pode criar uma impressão positiva. Respeitar as formalidades é um componente essencial da preparação para a banca. A apresentação da banca, seja ela de qualificação ou defesa, é um momento formal e deve ser tratada como tal em todos os aspectos, desde a vestimenta até a linguagem utilizada. A vestimenta deve ser adequada ao ambiente acadêmico, preferencialmente formal, para transmitir seriedade e respeito pelo processo. Mesmo em apresentações *online*, esse aspecto não deve ser negligenciado.

Durante a apresentação, o uso de uma linguagem clara, formal e sem gírias é crucial. É importante evitar expressões informais e manter um tom de voz adequado. A formalidade também abrange as interação com os membros da banca, incluindo a forma de se dirigir a eles e de responder às perguntas. Outro aspecto importante é a preparação de material de apoio, como cópias impressas ou digitais do trabalho para todos os membros da banca, se requerido pela instituição. Isso demonstra organização e respeito pelo tempo dos avaliadores, facilitando a consulta ao trabalho durante a sessão de qualificação ou defesa. A preparação para a banca de qualificação envolve uma combinação de planejamento, postura adequada e respeito às formalidades. Cumprir os prazos rigorosamente, adotar uma postura confiante e receptiva durante a apresentação, e seguir as normas, são passos essenciais para uma qualificação bem-sucedida. Esse processo, embora desafiador, é uma oportunidade valiosa de crescimento acadêmico e pessoal, preparando o estudante para as etapas subsequentes de sua jornada.

A BANCA DE DEFESA "FINAL"

A banca de defesa "final" é um dos momentos mais significativos na trajetória acadêmica de um estudante de mestrado ou doutorado. Esse processo, que envolve a apresentação e avaliação da dissertação ou tese completa, é essencial para a obtenção do título almejado. A defesa marca a conclusão de anos de pesquisa e estudo, além disso, representa um rito de passagem, consolidando a contribuição do estudante para o conhecimento científico.

No dia da defesa, o estudante deve apresentar seu trabalho de forma clara e concisa, geralmente em 20 minutos (assim como vimos que ocorre na banca de qualificação). A apresentação deve cobrir os principais pontos do trabalho, incluindo a introdução, o referencial teórico, a metodologia, a análise dos resultados, as discussões e conclusões. Após a apresentação, os membros da banca farão perguntas e comentários sobre o trabalho. Essa fase da defesa pode ser bastante desafiadora, pois as perguntas podem abordar tanto aspectos específicos quanto gerais do trabalho. É importante que o estudante esteja bem-preparado para responder a essas perguntas de maneira clara e concisa, demonstrando seu conhecimento e compreensão aprofundada do tema.

Os possíveis desfechos da banca de defesa podem variar, e são similares ao que vimos na seção sobre a banca de qualificação. O mais desejado é a aprovação plena, em que o trabalho é considerado satisfatório e o título pode ser concedido (desde que atendidas as demais exigências que o programa pode fazer para o aluno). Em alguns casos, a banca pode solicitar pequenas revisões antes da aprovação final. Menos frequentemente, pode ser necessária uma revisão substancial do trabalho, com a necessidade de uma nova defesa. Em casos extremos, o trabalho pode ser reprovado, embora isso seja raro e geralmente evitável com uma preparação adequada, como também já destacamos.

É importante salientar que, em caso de reprovação, muitos programas permitem ao aluno tentar novamente a banca após um período de ajustes e melhorias no trabalho. Esse processo pode ser desgastante, mas também representa uma oportunidade para aprimorar a pesquisa e corrigir falhas que possam ter sido identificadas. A banca de defesa final é um momento culminante na jornada acadêmica de um estudante de mestrado ou doutorado. A preparação cuidadosa, a adoção de uma postura adequada durante a defesa e o respeito às formalidades são essenciais para o sucesso. Esse processo, embora desafiador, é uma oportunidade valiosa de crescimento acadêmico e pessoal. E, quando bem-sucedido, culmina na conquista do almejado título de mestre ou doutor!

MOMENTO DO CASO REAL

Pedro, um dedicado estudante de doutorado em Economia, passou anos imerso em sua pesquisa sobre os impactos das políticas monetárias não convencionais em economias emergentes. Seu trabalho, bastante relevante, foi elogiado por seu orientador e colegas por sua profundidade e metodologia robusta. No entanto, ao defender sua tese perante a banca, as coisas não saíram conforme planejado.

No dia da defesa, Pedro estava visivelmente nervoso. Ele se apressou em alguns slides e se prolongou em outros, falhando em manter um ritmo equilibrado. Sua linguagem corporal revelava insegurança, e ele evitava contato visual. Esses sinais foram notados pela banca, que começou a questionar a confiança de Pedro em seus próprios resultados. Além disso, sua postura defensiva ao responder as perguntas minou ainda mais a credibilidade de sua apresentação. Em um momento crítico, quando um dos avaliadores questionou a consistência de sua metodologia, Pedro respondeu de forma abrupta: "Acredito que vocês não entenderam o ponto central de meu método". Essa frase marcou negativamente a percepção da banca sobre sua capacidade de aceitar críticas construtivas.

Quando os membros da banca começaram a fazer perguntas, Pedro interrompia constantemente, tentando justificar suas escolhas antes de ouvir todas as questões. Ele reagiu defensivamente e, em alguns momentos, com certa arrogância. Isso impediu uma discussão produtiva sobre possíveis melhorias e implicações de sua pesquisa. Ao final, a banca reconheceu a qualidade da pesquisa, mas reprovou a defesa devido à postura inadequada de Pedro, recomendando revisões e uma nova apresentação.

Figura B-7.3 – O caso de Pedro

Fonte: elaborada pelos autores, 2024.

Determinado a corrigir seus erros, Pedro refletiu sobre as críticas recebidas e passou meses revisando sua tese e investindo em sua nova defesa. Trabalhou intensamente com seu orientador para melhorar tanto o conteúdo de sua pesquisa quanto suas habilidades de apresentação. Na segunda defesa, Pedro apresentou sua tese de maneira clara e equilibrada, mantendo contato visual e gesticulando de forma controlada. Respondeu às perguntas com calma, demonstrando humildade intelectual. A banca reconheceu a qualidade do trabalho e o crescimento de Pedro, aprovando sua tese e concedendo-lhe o título de doutor em Economia.

INDICAÇÕES CULTURAIS

 SITE	**The Thesis Whisperer https://thesiswhisperer.com/.** Este blog é dedicado a estudantes de pós-graduação e oferece uma série de conselhos práticos sobre como enfrentar a banca, escrever uma tese e navegar no mundo acadêmico.
 FILME	**"Jornada da Alma" (2014). Duração: 90 min.** Este documentário aborda os desafios dos estudantes no sistema educacional superior, da entrada à conclusão dos cursos, destacando a pressão da preparação de teses e refletindo sobre o papel das instituições acadêmicas e o processo de avaliação.

TESTE SEUS CONHECIMENTOS

Sobre as bancas de mestrado ou doutorado, assinale a alternativa incorreta:

a) Em geral, os processos de mestrado e doutorado são compostos por duas bancas: (i) a banca de qualificação e (ii) a banca de defesa, que pode ser a banca final em caso de aprovação do trabalho do aluno.

b) Ser aprovado tanto na banca de qualificação quanto na banca de defesa é um dos requisitos para que o aluno possa concluir seu mestrado ou doutorado. É comum que o aluno seja direcionado para a banca de defesa sem ter passado pela banca de qualificação, a depender de seu projeto de pesquisa.

c) Apesar de não ser uma regra, há programas que condicionam a aprovação final do aluno no curso à publicação de artigos científicos, notas mínimas nas disciplinas, proficiência em idioma estrangeiro ou participação em atividades de pesquisa e ensino em âmbito internacional.

d) Em geral, participam como integrantes das bancas os seguintes professores: orientador do aluno, avaliadores internos e avaliadores externos (professores de outras instituições de ensino). Há programas em que o orientador tem direito a voto e há programas em que o avaliador participa somente como mediador ou ouvinte, sem direito a voto.

ATIVIDADE DE AUTOAPRENDIZAGEM E PLANEJAMENTO

Como as dificuldades e pressões que você já enfrentou em sua trajetória acadêmica ou profissional, como prazos apertados ou avaliações rigorosas, podem se relacionar com a experiência de uma banca de qualificação ou defesa? De que maneira você pode usar essas vivências para ter um bom desempenho em banca?

Parte C:

DO NECESSÁRIO OLHAR ESTRATÉGICO PARA O FUTURO

A PUBLICAÇÃO DA DISSERTAÇÃO OU TESE

Neste capítulo, explicamos que transformar uma dissertação ou tese em um artigo acadêmico exige mais do que apenas reduzir o número de páginas. É necessário adaptar o conteúdo de forma clara e coesa, destacando a contribuição teórica e prática da pesquisa. A escolha do periódico adequado e a revisão criteriosa são essenciais para aumentar as chances de boa publicação.

O processo envolve a síntese dos principais objetivos e descobertas da pesquisa, mantendo o foco na relevância para o campo de estudo. Uma justificativa concisa sobre a importância da pesquisa e a clareza metodológica são indispensáveis para o sucesso do artigo. Além disso, o *feedback* de colegas experientes é fundamental para melhorar a qualidade do manuscrito e garantir sua coesão.

Publicar artigos derivados de dissertações e teses valida o trabalho realizado e contribui para a carreira acadêmica e o avanço do conhecimento científico. Embora desafiador, esse processo aprimora a habilidade de síntese e comunicação científica dos pesquisadores. A publicação em periódicos de alta qualidade eleva a visibilidade e a reputação do autor dentro da comunidade acadêmica.

TRANSFORMANDO MINHA DISSERTAÇÃO OU TESE EM UM ARTIGO

Publicar artigos acadêmicos, especialmente aqueles derivados de dissertações de mestrado e teses de doutorado, representa um marco significativo na carreira de um pesquisador. Publicar valida o trabalho realizado e amplia o alcance e o impacto das descobertas. Para quem almeja seguir na carreira acadêmica, a publicação é praticamente obrigatória, sendo um critério essencial em muitos processos seletivos e editais de atuação como professor. No entanto, o caminho até a publicação é repleto de desafios, desde a transformação do trabalho em um formato publicável até a seleção do periódico científico adequado.

Transformar sua dissertação ou tese em um artigo publicável envolve um processo cuidadoso de adaptação e síntese, que vai muito além de simplesmente reduzir o número de páginas. Primeiramente, é estratégico criar um resumo de duas a três páginas que destaque a contribuição teórica e prática do seu trabalho. Esse resumo pode ser iniciado com uma frase que introduza o domínio do estudo, declarar o objetivo da pesquisa e estabelecer conexões com estudos anteriores relevantes. É fundamental incluir uma declaração específica sobre o que é conhecido e desconhecido acerca do fenômeno investigado, identificando claramente a lacuna de conhecimento que o artigo a ser submetido para publicação pretende preencher (o tema lacuna, ou GAP de pesquisa, já foi pauta de capítulos anteriores).

Após estabelecer a lacuna de conhecimento e o objetivo da pesquisa, é necessário definir os objetivos do artigo de maneira clara e objetiva. Esses objetivos não terão, necessariamente, a mesma redação que está na dissertação ou tese. De todo modo, os objetivos podem ser divididos em três partes: o objetivo programático de longo prazo, o objetivo imediato da pesquisa atual e uma hipótese central ou uma declaração de necessidades. Essa estrutura ajuda a contribuir para que o artigo seja focado e relevante, evitando exageros ou antecipações desnecessárias sobre a contribuição do estudo. A inclusão de uma justificativa concisa que explique como a pesquisa permitirá avanços teóricos ou práticos é igualmente importante.

Figura C-1.1 - Da tese para o artigo

Fonte: elaborada pelos autores, 2024.

A escrita do artigo deve seguir uma lógica clara e coesa, com cada seção do manuscrito fluindo naturalmente para a próxima. A descrição do contexto empírico da pesquisa é fundamental, pois oferece a veracidade e a textura necessárias para a teoria. Contextos bem descritos envolvem as emoções e os sentidos dos leitores, estimulando a descoberta e a comparação. Além disso, é importante apresentar os resultados de maneira organizada, categorizando-os em três a quatro principais descobertas e explicando por quais razões cada uma delas é relevante para os objetivos e pressupostos centrais do estudo.

Em complemento, a revisão e o *feedback* de colegas experientes são etapas indispensáveis no processo de transformação de uma dissertação ou tese em um artigo. Reescrever o manuscrito com base nas sugestões recebidas e garantir que todas as seções estejam interligadas de forma lógica e consistente são passos críticos para alcançar a publicação. Ao seguir essas diretrizes, você não apenas aumenta suas chances de publicação em periódicos de boa qualidade, como também contribui significativamente para o avanço do conhecimento em sua área de estudo.

BENEFÍCIOS EM PUBLICAR ARTIGOS

A publicação de artigos derivados de dissertações e teses traz inúmeros benefícios tanto para o pesquisador quanto para a comunidade acadêmica. Publicar em revistas acadêmicas não apenas valida a qualidade e a relevância do trabalho realizado, mas também contribui significativamente para a reputação do pesquisador no meio acadêmico. Embora seja um desafio, publicar em revistas de alta qualidade aumenta a confiança do pesquisador e abre novas oportunidades para sua carreira acadêmica.

Publicar em revistas bem conceituadas é um requisito comum em processos seletivos para programas de doutorado e posições docentes. No contexto brasileiro, a classificação da CAPES atribui grande valor às publicações em periódicos A1 e A2, reconhecidos por sua excelência acadêmica. Muitos editais para ingresso em programas de doutorado ou para atuação como professor utilizam tabelas de pontuação que valorizam publicações em periódicos de alto impacto, tornando a publicação um fator decisivo na aprovação nesses processos. Essa valorização facilita o ingresso em programas de doutorado ou em posições docentes, além de permitir que o trabalho do aluno contribua para o avanço do conhecimento em sua área de estudo, tornando-o acessível a outros pesquisadores e profissionais.

A publicação de dissertações e teses também conta pontos para a avaliação dos programas de mestrado e doutorado pela CAPES, melhorando a nota do programa e, consequentemente, sua reputação. Os critérios de avaliação da CAPES abrangem diversos aspectos da produção acadêmica e da qualidade do programa, incluindo a quantidade e a qualidade das publicações realizadas pelos alunos, a produção científica dos professores, a relevância e a contribuição das pesquisas, o impacto e a visibilidade das publicações, a qualidade da infraestrutura oferecida pelo programa e a participação em redes internacionais de pesquisa. Esses critérios são utilizados para atribuir notas aos programas, variando de 3 a 7 - sendo 7 a nota máxima, indicando excelência internacional, e 3 a nota mínima para que o programa continue a ser ofertado. A importância dessas publicações é destacada pela prática de instituições como a Universidade de São Paulo (USP), que chegou a adotar como critério quase exclusivo de seu processo seletivo para alguns de seus doutorados a publicação de artigo de autoria do candidato em periódicos classificados como A1.

Você sabia? A CAPES, por meio de seu instrumento denominado Qualis Periódicos, classifica os periódicos científicos de diferentes áreas nos seguintes estratos crescentes em termos de qualidade: C, B5, B4, B3, B2, B1, A4, A3, A2 e A1. Enquanto os periódicos classificados como C não são considerados científicos, os periódicos classificados como A1 representam a melhor classificação possível para um periódico, algo que atesta sobre sua qualidade científica. Publicar em periódicos A1 é, por um lado, mais difícil, e, por outro, mais contributivo. O desafio pode ser tão grande (há uma série de periódicos A1 que têm taxa de rejeição de artigos superior aos 90%!) que algumas instituições de ensino oferecem relevantes prêmios para os professores e pesquisadores que conseguirem "emplacar" publicações nesse estrato. Ainda sobre este ponto, devemos sempre lembrar que a avaliação da produção científica não se limita apenas ao número de publicações, mas também à qualidade e ao impacto dessas produções.

MOMENTO DO CASO REAL

Márcia, recém-doutora em Administração com especialização em Negócios Internacionais pela Universidade Federal do Rio de Janeiro (UFRJ), dedicou-se à pesquisa sobre estratégias de internacionalização de pequenas e médias empresas brasileiras. Após a defesa de sua tese, entendeu a importância de disseminar seus achados e, seguindo recomendações de orientadores e colegas, submeteu um artigo ao "Journal of International Business Studies". O processo de revisão foi exigente e repleto de *feedbacks* que aperfeiçoaram sua análise, culminando na publicação do artigo que validou a qualidade e relevância de sua pesquisa.

A publicação desse artigo alavancou sua carreira acadêmica, propiciando convites para congressos internacionais, como o Academy of International Business Annual Meeting. Durante um desses eventos, Márcia conheceu o Professor Thomas, com quem iniciou uma colaboração em um projeto financiado pela União Europeia. Sua visibilidade aumentou significativamente, atraindo o interesse de instituições acadêmicas e consultorias que buscavam sua expertise em internacionalização.

Figura C-1.2 - O caso de Márcia

Fonte: elaborada pelos autores, 2024.

Essa exposição trouxe uma oportunidade de ouro quando a London School of Economics a convidou para se juntar ao seu corpo docente como professora associada. Impressionados com seu rigor metodológico e contribuições ao campo, a instituição valorizou as novas perspectivas que Márcia poderia trazer. Ela aceitou a oferta, mudando-se para o Reino Unido, onde continuou a expandir suas pesquisas e a trabalhar com outros acadêmicos renomados, fortalecendo ainda mais sua presença no cenário acadêmico internacional.

Márcia viu sua carreira tomar um rumo extraordinário graças à publicação de seu artigo. O reconhecimento internacional e as oportunidades de colaboração que surgiram mostraram que, mesmo com todos os desafios, a publicação acadêmica é um passo importante para quem deseja ter destaque no mundo da pesquisa. Seu caso ilustra como a dedicação à publicação pode abrir portas e permitir conquistas significativas, transformando sonhos acadêmicos em realidade.

Além de auxiliar na progressão da carreira, a publicação contribui significativamente para o avanço do conhecimento científico, disseminando as descobertas para um público mais amplo. Isso aumenta a visibilidade do pesquisador e possibilita colaborações futuras e o reconhecimento pela contribuição feita ao campo de estudo. Cada publicação em revistas de alto impacto exige um rigor metodológico e uma clareza na apresentação dos resultados que aprimoram as habilidades do pesquisador. Esse processo de revisão e aprimoramento constante eleva a confiança acadêmica e a capacidade de comunicação científica.

Por meio da publicação, os pesquisadores não apenas validam suas descobertas, mas também contribuem para a evolução do pensamento acadêmico, incentivando novas pesquisas e debates na comunidade científica. Publicar artigos derivados de dissertações e teses é, portanto, uma prática essencial para a consolidação e reconhecimento na carreira acadêmica, sendo uma das principais medidas do sucesso e do legado de um pesquisador.

DESAFIOS NA PUBLICAÇÃO DE ARTIGOS

Embora a publicação de artigos derivados de dissertações ou teses seja parte fundamental da carreira de um pesquisador, tal processo é repleto de desafios. As dificuldades começam com a síntese do conteúdo, posto que transformar um trabalho extenso em um artigo conciso e coeso exige habilidades de escrita avançadas. A necessidade de condensar uma tese de mais de cem páginas em um artigo de cerca de 20 páginas pode resultar em textos desequilibrados, que carecem de clareza e foco.

Outro obstáculo significativo é a falta de contribuição teórica ou metodológica do trabalho. Para ser aceito em revistas acadêmicas de alto impacto, um artigo precisa apresentar uma contribuição original e relevante para o campo de estudo. Trabalhos muito específicos ou restritos, que não conseguem estabelecer conexões com contextos mais amplos, tendem a ser rejeitados. Além disso, artigos que não têm uma contribuição clara em termos de temática, teoria, metodologia ou aplicação prática enfrentam maior resistência por parte dos revisores.

A estrutura inadequada dos artigos é outro fator que complica o processo de publicação. Introduções longas demais, referências teóricas insuficientes, metodologias excessivamente detalhadas e resultados superficiais são erros comuns que comprometem a qualidade do manuscrito. Um artigo bem-sucedido deve ter um equilíbrio entre suas seções, com uma introdução sucinta, uma revisão de literatura robusta, uma metodologia clara e resultados bem discutidos. A falta de coesão e de proporção entre as partes do texto pode levar à rejeição pelos revisores. A escrita acadêmica, ou o "academiquês", é também um desafio considerável. A clareza, a precisão e a concisão são essenciais para que o artigo seja compreendido e apreciado pelos revisores. Muitos pesquisadores enfrentam dificuldades em escrever de forma direta e coesa, utilizando termos técnicos de maneira inapropriada e construindo parágrafos mal-estruturados. A capacidade de articular ideias complexas de maneira clara é fundamental para superar essa barreira.

Um problema crescente no campo das publicações acadêmicas é a proliferação de *journals*, ou periódicos, predatórios. Essas revistas cobram taxas elevadas para publicar artigos sem realizar a devida revisão por pares, comprometendo a qualidade e a credibilidade das publicações. Pesquisadores inexperientes podem ser atraídos por promessas de publicação rápida e fácil, mas acabam prejudicando suas carreiras ao associar seus nomes a revistas de baixa qualidade. É essencial verificar a reputação da revista, sua indexação em bases de dados reconhecidas e seu histórico de publicações antes de submeter um artigo. Importante: o fato isolado de um periódico cobrar dos autores uma taxa para a publicação após a aprovação do artigo não representa em si, que você está diante de um periódico predatório. Dica: circulam, nos sites de alguns programas de mestrado e doutorado, listas de periódicos predatórios. Vale consultá-las antes de submeter seu artigo!

Além dessas dificuldades, a escolha da revista adequada para submissão é crucial. Enviar um artigo para uma revista que não tem alinhamento com o foco e o escopo do trabalho pode resultar em rejeições frustrantes. Pesquisar sobre as revistas, entender suas preferências metodológicas, seus critérios de aceitação e a duração do processo editorial são passos essenciais para aumentar as chances de publicação. Revistas que demoram muito para avaliar e publicar artigos podem atrasar significativamente a carreira acadêmica do pesquisador.

Figura C-1.3 - Publicação predatória

Fonte: elaborada pelos autores, 2024.

A avaliação dos programas de mestrado e doutorado pela CAPES, que inclui a quantidade e a qualidade das publicações dos alunos e professores, adiciona mais pressão para publicar em revistas de estratos superiores (especialmente A2 e A1). Publicações em periódicos de alto impacto não só melhoram a avaliação dos programas como também aumentam a visibilidade e a reputação do pesquisador. No entanto, a competitividade e as exigências das revistas de alta qualidade tornam o processo de publicação um desafio contínuo.

A publicação de artigos derivados de dissertações e teses é, portanto, um processo complexo e desafiador que exige não apenas habilidades de síntese e escrita acadêmica, mas também uma cuidadosa escolha da revista adequada e a superação de barreiras estruturais e metodológicas. Apesar dessas dificuldades, a publicação é essencial para validar o trabalho realizado, aumentar a visibilidade do pesquisador e contribuir para o avanço do conhecimento científico. Com a orientação adequada e uma abordagem estratégica, é possível transformar os desafios em oportunidades, fortalecendo a carreira acadêmica e deixando um legado duradouro na comunidade científica.

FACILITADORES PARA PUBLICAR ARTIGOS

Publicar artigos acadêmicos pode ser um processo desafiador, mas existem vários facilitadores que podem tornar essa jornada mais gerenciável e aumentar as chances de sucesso. Um dos principais facilitadores é o conhecimento profundo da revista-alvo. Entender o foco e o escopo da revista é crucial para garantir que o artigo submetido esteja alinhado com os interesses da publicação. Revistas diferentes têm preferências distintas em termos de metodologias e tópicos. Identificar essas preferências pode aumentar significativamente as chances de aceitação do artigo.

Além do foco e do escopo, é importante considerar a periodicidade e o volume de publicações da revista. Revistas que publicam frequentemente e em grandes volumes tendem a aceitar mais artigos, aumentando as chances de publicação. Verificar o tempo médio de revisão e publicação também é importante, pois algumas revistas podem ter processos editoriais mais rápidos que outras. Utilizar bases de dados como o Qualis Periódicos da CAPES para revistas nacionais e o H-Index da base Scimago para revistas internacionais pode ajudar a identificar as melhores opções de publicação. Dica: acesse o portal da CAPES e da Scimago para ter acesso gratuito às classificações dos periódicos científicos. Os *rankings* de periódicos do Google Acadêmico e do JCR (Journal Citation Reports) também são bastante utilizados. Há, ainda, *rankings* de periódicos que são específicos de determinadas áreas. Como exemplo, na área da Administração temos a lista ABS, importante *ranking* organizado pela Chartered Association of Business Schools.

Outro facilitador significativo para publicar é a colaboração com orientadores e colegas experientes. Orientadores que conhecem bem o campo de estudo e a dinâmica das publicações podem fornecer orientações valiosas sobre como estruturar o artigo e quais revistas são mais adequadas. Revisar e reescrever o manuscrito com base no *feedback* recebido é um passo essencial para melhorar a qualidade do artigo e aumentar suas chances de aceitação. Conhecer a comunidade acadêmica também é um facilitador importante. Estar ciente das principais revistas, autores e metodologias utilizadas no campo de estudo permite que o pesquisador alinhe seu trabalho com as tendências e expectativas da comunidade. Participar de conferências, *workshops* e redes de pesquisa pode ajudar a entender melhor o que está sendo discutido e valorizado no momento, além de facilitar a criação de colaborações e trocas de ideias.

A escrita acadêmica clara e precisa é outro facilitador indispensável. A capacidade de articular ideias complexas de maneira acessível e coesa é fundamental para que o artigo seja bem recebido pelos revisores. Investir tempo na elaboração de uma introdução concisa, uma revisão de literatura robusta, uma metodologia clara e resultados bem discutidos pode fazer toda a diferença. O uso de termos técnicos apropriados e a construção de parágrafos bem estruturados também são aspectos essenciais de uma boa escrita acadêmica.

Finalmente, evitar *journals* predatórios é crucial. Essas revistas cobram taxas elevadas para publicar artigos sem a devida revisão por pares, comprometendo a qualidade e a credibilidade das publicações. Pesquisadores devem verificar a reputação da revista, sua indexação em bases de dados reconhecidas e seu histórico de publicações para garantir que estão submetendo seus trabalhos em veículos confiáveis. A prática de submeter artigos para revistas de qualidade não só assegura a integridade do trabalho, mas também protege a carreira acadêmica dos riscos associados às publicações de baixa qualidade.

Em suma, conhecer bem as revistas, colaborar com mentores experientes, entender a comunidade acadêmica, investir na escrita clara e precisa e evitar *journals* predatórios são passos essenciais que facilitam a publicação de artigos acadêmicos. Esses facilitadores aumentam as chances de aceitação dos artigos e contribuem para o avanço da carreira acadêmica e para a disseminação de conhecimento científico de alta qualidade.

INDICAÇÕES CULTURAIS

	**Elsevier Author Hub.** Esse portal fornece recursos úteis para pesquisadores em todas as etapas do processo de publicação, incluindo como adaptar dissertações ou teses para artigos e escolher as revistas adequadas. Pode ser acessado em www.elsevier.com/researcher/author.
	**"Writing Your Journal Article in Twelve Weeks: a Guide to Academic Publishing Success", de Wendy Laura Belcher.** Esse livro oferece uma abordagem prática e estruturada para transformar projetos acadêmicos, como dissertações e teses, em artigos publicáveis, com orientações passo a passo. Apesar de não defendermos "fórmulas infalíveis para o sucesso" e nem a elaboração de artigos de qualidade em um curto espaço de tempo, entendemos que o livro traz dicas valiosas para sua jornada de publicação.

TESTE SEUS CONHECIMENTOS

Sobre a publicação de artigo(s) derivado(s) de uma Dissertação de Mestrado ou tese de doutorado, assinale verdadeiro ou falso para as seguintes assertivas:

I - ( ) Os programas de mestrado e doutorado trazem, em geral, algum tipo de exigência de construção (e por vezes aprovação) de artigo científico para que o aluno possa concluir seu curso.

II - ( ) Falta de contribuição teórica, linguagem inadequada e procedimentos de métodos de baixo rigor científico estão entre os principais fatores de rejeição de artigos derivados de dissertações e teses.

III - ( ) É fundamental que o pesquisador conheça muito bem o periódico científico para o qual ele enviará seu artigo. Fatores como foco e escopo do periódico, qualidade científica, volume e periodicidade de publicação, tempo médio de avaliação dos artigos, temas, métodos e teorias de preferência do periódico, estão entre os principais elementos que podem ser investigados pelos mestrandos e doutorandos na busca pela publicação de suas pesquisas.

IV - ( ) Para conhecermos a qualidade da maior parte dos periódicos brasileiros podemos usar, por exemplo, o *ranking do Qualis Periódicos,* da CAPES. Para conhecermos a qualidade de grande parte dos periódicos internacionais podemos usar, além do Qualis, o ranking da Scimago, de acesso gratuito, entre outros rankings como JCR e Google Acadêmico.

a) V,V,V,V.

b) V,F,V,F.

c) V,V,V,F.

d) V,F,V,V.

ATIVIDADE DE AUTOAPRENDIZAGEM E PLANEJAMENTO

Como você poderia sintetizar o valor central de sua pesquisa de forma clara e objetiva, de modo que contribua significativamente para o campo de estudo e atenda aos critérios de publicação de periódicos de alto impacto?

A VALORIZAÇÃO DA TRAJETÓRIA INTERNACIONAL

O capítulo explora a internacionalização da carreira acadêmica, uma decisão multifacetada que oferece benefícios como ampliação de redes de contato, enriquecimento cultural e maior competitividade. Neste caminho, publicações e apresentações em congressos internacionais são atividades importantes, aumentando a visibilidade do pesquisador e possibilitando colaborações futuras. A participação em grupos de pesquisa estrangeiros e a realização de mestrado ou doutorado "sanduíche" também contribuem significativamente para a inserção internacional do indivíduo.

O processo de internacionalização, contudo, traz desafios, como a adaptação cultural e as dificuldades financeiras. A conexão com outro país pode ser desconfortável inicialmente, mas essa experiência também oferece oportunidades de crescimento pessoal e profissional. Para superar os desafios financeiros, bolsas de fomento e o apoio de orientadores são essenciais, embora as seleções sejam altamente competitivas.

A escolha do local de destino envolve a consideração de vários fatores, como a reputação da instituição, presença de pesquisadores renomados e custo de vida. Instituições com infraestrutura de ponta e parcerias internacionais podem facilitar esse processo. Além disso, o alinhamento do método de pesquisa com a instituição escolhida pode maximizar os resultados e o impacto da internacionalização acadêmica.

POSSIBILIDADES DE INTERNACIONALIZAÇÃO DA CARREIRA ACADÊMICA

A internacionalização da carreira acadêmica é um tema que tem ganhado cada vez mais destaque e importância entre mestrandos, doutorandos e profissionais já formados (Romani-Dias e Carneiro, 2020; Romani-Dias *et al.*, 2019). Envolver-se em uma carreira com aspectos internacionais é uma decisão multifacetada, que exige a consideração de diversos fatores, desde a adaptação cultural até os custos financeiros. Contudo, os benefícios potenciais são vastos, abrangendo a ampliação da rede de contatos, o aumento da competitividade, o enriquecimento cultural e a diversificação das experiências acadêmicas.

Uma das abordagens mais comuns para internacionalizar a carreira acadêmica é a publicação e a apresentação de trabalhos em congressos internacionais. Essa estratégia não apenas aumenta a visibilidade do pesquisador no cenário global, mas também possibilita a troca de conhecimentos com outros especialistas da área. Publicar em revistas internacionais de renome ou apresentar trabalhos em conferências fora do país pode abrir portas para colaborações futuras e parcerias de pesquisa, além de fortalecer o currículo do acadêmico, tornando-o mais competitivo em processos seletivos e candidaturas a financiamentos.

Participar de grupos de pesquisa em outros países é outra forma eficaz de internacionalização. Esses grupos muitas vezes trabalham em projetos de grande relevância global e permitem que o acadêmico se envolva em discussões e trabalhos de ponta. Além disso, essas colaborações podem resultar em publicações conjuntas, desenvolvimento de novas metodologias e até mesmo na criação de redes de apoio e suporte mútuo que transcendem as fronteiras nacionais. A interação constante com pesquisadores de diferentes origens culturais e acadêmicas também enriquece a perspectiva do indivíduo, ampliando sua visão sobre a área de estudo.

Realizar parte dos estudos no exterior, como no caso do estágio doutoral (comumente conhecido como mestrado ou doutorado sanduíche), é uma prática cada vez mais comum e valorizada. Esse tipo de programa permite que o candidato, especialmente o doutorando, passe um período em uma instituição estrangeira, vivenciando um ambiente acadêmico diferente e tendo acesso a recursos e infraestrutura que podem não estar disponíveis em seu país de origem. O pós-doutorado no exterior é outra etapa que pode agregar muito valor à carreira acadêmica. Essa experiência permite um aprofundamento nas pesquisas e oferece a oportunidade de construir uma reputação internacional. Ser professor visitante em universidades estrangeiras também é uma possibilidade, permitindo que o acadêmico amplie sua rede de contatos, participe de diferentes culturas e contribua com seu conhecimento em outras instituições.

DORES E DELÍCIAS DO PROCESSO DE INTERNACIONALIZAÇÃO

O processo de internacionalização da carreira acadêmica é marcado por inúmeras dores e delícias, oferecendo tanto desafios quanto oportunidades enriquecedoras para mestrandos, doutorandos e acadêmicos já formados. Decidir por essa trajetória internacional não é uma tarefa trivial, pois envolve lidar com uma série de fatores que vão desde a adaptação cultural até as dificuldades financeiras. Contudo, os benefícios dessa experiência são indiscutíveis e abrangem o aumento da competitividade, o enriquecimento cultural e a ampliação da rede de contatos.

Entre as principais dores desse processo, a adaptação cultural se destaca como um dos maiores desafios. Mudar-se para um país estrangeiro implica enfrentar diferenças de idioma, hábitos e costumes, o que pode ser inicialmente difícil. Muitos estudantes relatam um forte desejo de retornar ao país de origem devido ao medo do desconhecido. No entanto, com o tempo e com a exposição contínua a novas culturas, esse desconforto pode se transformar em uma valiosa oportunidade de crescimento pessoal e profissional.

A questão financeira é outra dor significativa no caminho da internacionalização. Realizar estudos ou estágios no exterior pode ser extremamente custoso, especialmente para estudantes de países cuja moeda é menos valorizada em comparação com a de países desenvolvidos, como no caso do Brasil, infelizmente. Alguns acadêmicos recorrem a recursos próprios, vendendo bens e economizando para financiar suas estadias no exterior. Alternativas como bolsas de fomento da CAPES e do CNPq existem, mas são altamente competitivas e burocráticas, o que muitas vezes torna o processo ainda mais desafiador.

Apesar dessas dores, "as delícias" do processo de internacionalização são numerosas e altamente recompensadoras. A experiência internacional contribui significativamente para a ampliação cultural do acadêmico, expondo-o a diferentes perspectivas e métodos de resolução de problemas. Interagir com acadêmicos de diversas nacionalidades permite aprender como profissionais de diferentes países abordam desafios específicos, enriquecendo o repertório do pesquisador e aumentando sua capacidade de inovação.

Outro benefício substancial é o aumento da competitividade. Ter uma experiência internacional no currículo pode diferenciar o acadêmico em um mercado de trabalho cada vez mais globalizado. Ao retornarem ao país de origem após suas experiências no exterior, muitos acadêmicos são convidados a ocupar posições de destaque em instituições de ensino, muito em função da valorização de suas trajetórias internacionais. Essa competitividade adicional também se traduz em maior confiança e assertividade.

Por fim, a internacionalização da carreira acadêmica oferece a oportunidade de construir uma rede global de contatos. Participar de grupos de pesquisa internacionais, publicar em revistas de renome e colaborar com pesquisadores de outras partes do mundo facilita a criação de parcerias duradouras que podem resultar em projetos conjuntos e novas oportunidades profissionais. Essa rede de contatos, além de ser um recurso valioso para o desenvolvimento acadêmico, também promove um intercâmbio contínuo de ideias e práticas inovadoras.

Figura C-2.1 - Imagens da internacionalização acadêmica

Fonte: elaborada pelos autores, 2024.

O processo de internacionalização da carreira acadêmica é um caminho repleto de desafios, mas também de grandes recompensas. A adaptação cultural e as dificuldades financeiras são dores que, embora significativas, podem ser superadas com planejamento e determinação. As delícias, por outro lado, incluem um enriquecimento cultural incomparável, um aumento substancial na competitividade e uma rede global de contatos que pode transformar a trajetória profissional do acadêmico, como já vimos. Com uma abordagem estratégica e proativa, é possível transformar essas experiências em pilares sólidos para uma carreira acadêmica de sucesso e impacto global.

COMO VIABILIZAR A IDA PARA ESTUDAR NO EXTERIOR DURANTE O MESTRADO OU DOUTORADO

Viabilizar a ida para estudar no exterior durante o mestrado ou doutorado é um sonho para muitos acadêmicos, mas também representa um projeto que exige planejamento e estratégia. Com a preparação adequada, os desafios podem ser superados de forma a tornar a internacionalização acadêmica uma experiência transformadora para a carreira de um pesquisador.

Uma das formas mais eficazes de viabilizar essa experiência é, como já destacamos, por meio de bolsas de estudo oferecidas por agências de fomento como a CAPES e o CNPq, de caráter nacional, ou por meio de agências locais. Como exemplo, essas instituições disponibilizam editais específicos para doutorado sanduíche e para pesquisadores visitantes, em que o estudante e o acadêmico já formado realizam parte de suas atividades de pesquisa e/ou ensino em uma instituição estrangeira. O processo de candidatura é rigoroso e exige, no caso de um estágio doutoral, um projeto de pesquisa bem elaborado, além de um currículo que demonstre potencial acadêmico e a relevância da internacionalização para a trajetória do candidato. É fundamental também ter um orientador que apoie e colabore ativamente na construção do projeto. Além das bolsas nacionais, existem diversas fundações e organizações internacionais que oferecem financiamento para estudantes estrangeiros. Instituições como a UNESCO, a Fundação Bill & Melinda Gates e outras organizações filantrópicas dispõem de programas específicos para apoiar pesquisas em áreas prioritárias. Conseguir esses financiamentos pode ser altamente competitivo, mas o reconhecimento e os recursos disponíveis podem fazer uma diferença significativa na qualidade da pesquisa e na experiência do estudante no exterior.

Outro aspecto-chave é a rede de contatos acadêmicos. Professores e orientadores que já têm conexões internacionais podem ser a chave para facilitar a entrada em instituições renomadas. Muitas vezes, essas relações já estabelecidas podem abrir portas para parcerias e estágios que não seriam acessíveis apenas por meio de processos seletivos formais. É importante valorizar e cultivar essas conexões desde o início da carreira acadêmica, participando de conferências, publicando em revistas internacionais e engajando-se em projetos colaborativos. Por fim, planejamento financeiro é essencial. Mesmo com bolsas de estudo e financiamentos, os custos de vida em alguns países podem ser altos, e é importante estar preparado para imprevistos. Muitos estudantes optam por economizar antecipadamente, buscar trabalhos temporários ou até mesmo contar com o apoio financeiro de familiares para complementar os recursos disponíveis. Planejar com antecedência e ter uma reserva financeira pode evitar estresse e permitir que o estudante se concentre plenamente em suas atividades acadêmicas.

MOMENTO DO CASO REAL

O processo de internacionalização da carreira do Prof. Marcello Romani reflete uma combinação de esforços pessoais, apoio institucional e colaboração internacional. Uma das etapas cruciais foi a realização de um estágio doutoral nos Estados Unidos, especificamente no Massachusetts Institute of Technology (MIT). Esse tipo de estágio, conhecido como "sanduíche", é comum no doutorado devido à sua duração mais longa, permitindo uma melhor acomodação e integração no ambiente acadêmico estrangeiro.

Para viabilizar sua estadia no MIT, o Prof. Marcello contou com a colaboração de sua companheira, a Prof.ª Aline Barbosa, que também estava empenhada em internacionalizar sua carreira. Ambos decidiram utilizar recursos próprios para financiar parte dessa experiência, pois consideraram que os processos de bolsas de fomento daquele ano seriam muito demorados para os objetivos que tinham em mente. No entanto, eles também exploraram as possibilidades oferecidas por agências de fomento como a CAPES e o CNPq, que disponibilizam bolsas para doutorado-sanduíche. Um aspecto fundamental da internacionalização do Prof. Marcello foi a construção e manutenção de contatos acadêmicos internacionais.

Figura C-2.3 - O caso do professor Marcello Romani-Dias

Fonte: elaborada pelos autores, 2024.

A escolha do MIT como instituição de destino foi baseada em vários critérios, incluindo a reputação da instituição e a presença de orientadores renomados na área de interesse do Prof. Marcello. A adaptação cultural e a dificuldade financeira foram desafios significativos, mas os benefícios da experiência internacional foram notáveis. O aumento da competitividade, a ampliação cultural e a confiança adquirida ao interagir com acadêmicos de diferentes partes do mundo permitiram que os Profs. Marcello e Aline ocupassem posições acadêmicas de destaque no retorno ao Brasil, consolidando suas carreiras e contribuindo para a formação de novas gerações de pesquisadores.

CRITÉRIOS PARA ESCOLHA DO LOCAL DE DESTINO PARA A INTERNACIONALIZAÇÃO

Escolher o local de destino para a internacionalização acadêmica durante o mestrado ou doutorado é uma decisão complexa que envolve diversos critérios. Em primeiro lugar, a reputação da instituição de destino é um fator fundamental. Universidades renomadas, reconhecidas pela excelência em áreas específicas de pesquisa, podem proporcionar um ambiente acadêmico mais enriquecedor e abrir portas para futuras oportunidades profissionais. Além disso, a infraestrutura e os recursos disponíveis na instituição devem ser considerados, já que uma boa estrutura pode facilitar a realização de pesquisas avançadas.

Outro critério importante é a presença de orientadores e pesquisadores de renome na instituição de destino. Trabalhar diretamente com especialistas reconhecidos na área de estudo pode ser uma grande vantagem, tanto pela orientação qualificada quanto pelas possibilidades de networking. A escolha do orientador pode, muitas vezes, ser mais relevante do que a própria instituição, especialmente se o pesquisador é um líder de referência em um campo específico de estudo. A cidade ou país onde a instituição está localizada também é um fator crucial. Cidades cosmopolitas, com uma rica diversidade cultural e acadêmica, podem proporcionar uma experiência mais ampla e diversificada. Além disso, aspectos como o custo de vida, a segurança, a qualidade de vida e a facilidade de adaptação cultural são fundamentais para garantir que o período de estudos no exterior seja produtivo e agradável. Por exemplo, estudantes brasileiros muitas vezes optam por Portugal devido à facilidade do idioma e à similaridade cultural, o que pode minimizar as barreiras de comunicação e adaptação.

Figura C-2.3 - Caminhos internacionais da carreira acadêmica

Fonte: elaborada pelos autores, 2024.

O campo de estudo também pode indicar a escolha do destino. Se a pesquisa é focada em fenômenos específicos de determinada região ou país, faz sentido buscar instituições desses locais. Isso não só facilita o acesso a dados e fontes relevantes, mas também proporciona uma imersão direta no contexto estudado, o que pode enriquecer a pesquisa. Por exemplo, alguém estudando a cultura chinesa pode optar por uma instituição na China para obter uma compreensão mais aprofundada e contextualizada. O método de pesquisa adotado pela instituição também deve ser considerado. Algumas universidades são conhecidas por sua excelência em métodos experimentais, enquanto outras se destacam em pesquisas qualitativas. Escolher uma instituição que seja forte na metodologia que será utilizada na pesquisa pode ser um diferencial significativo. Essa compatibilidade metodológica pode garantir um suporte mais adequado e recursos específicos que facilitem o desenvolvimento do trabalho acadêmico.

Finalmente, a existência de acordos e parcerias internacionais da instituição de origem com a instituição de destino pode facilitar o processo de internacionalização. Muitas universidades possuem escritórios internacionais ou departamentos dedicados a parcerias globais, o que pode agilizar questões burocráticas e oferecer suporte adicional ao estudante. Verificar se a universidade de origem já tem convênios com instituições estrangeiras pode simplificar a escolha e aumentar as chances de sucesso na internacionalização acadêmica.

Escolher o local de destino para a internacionalização acadêmica envolve, portanto, uma análise cuidadosa de múltiplos fatores que vão desde a reputação da instituição e a presença de pesquisadores renomados, até a cidade de destino, o campo de estudo e os métodos de pesquisa. Com um planejamento cuidadoso e uma avaliação criteriosa desses aspectos, é possível maximizar os benefícios da experiência internacional, contribuindo significativamente para o desenvolvimento pessoal e profissional do acadêmico.

INDICAÇÕES CULTURAIS

	**The PIE News (www.thepienews.com).** O PIE News é uma plataforma global de informações sobre educação internacional. O site oferece artigos, análises, e entrevistas sobre tendências e desafios da internacionalização na educação superior.
	**PhD Success.** O canal oferece vídeos para mestrandos e doutorandos sobre internacionalização acadêmica, estratégias para obter bolsas e dicas de adaptação cultural no exterior. Inclui entrevistas com acadêmicos que vivenciaram experiências internacionais, inspirando e orientando quem busca esse caminho.

TESTE SEUS CONHECIMENTOS

Sobre a internacionalização da trajetória acadêmica, assinale a alternativa incorreta:

a) Realizar atividades internacionais é de grande valia para mestrandos e doutorandos, ainda mais ao considerarmos que o Brasil é um país que valoriza currículos que tragam experiências vividas no exterior.

b) Todas as atividades internacionais realizadas por mestrandos e doutorandos exigem o cruzamento de fronteiras para que possam ser realizadas.

c) Há um ganho de competitividade de mercado para mestrandos e doutorandos com atividades internacionais em seus currículos, seja por uma tendência de maior valorização de suas trajetórias, seja pelo desenvolvimento de suas habilidades a partir das experiências internacionais.

d) Para a escolha do local de destino, alguns critérios bastante utilizados por estudantes internacionais são os seguintes: país de preferência, Universidade de preferência, orientador renomado, destino que "caiba no orçamento", local com maior aderência cultural, entre outros tantos que podem ser adotados pelo estudante, e que influenciarão na qualidade de sua experiência no exterior.

a) V,V,V,V.

b) V,F,V,F.

c) V,V,V,F.

d) V,F,V,V.

ATIVIDADE DE AUTOAPRENDIZAGEM E PLANEJAMENTO

Como a escolha do destino para sua internacionalização acadêmica pode impactar não apenas sua carreira profissional, mas também seu crescimento pessoal e sua visão de mundo?

O CORAÇÃO DE TUDO? A DIDÁTICA EM SALA DE AULA

Neste capítulo, ressaltamos a importância da didática para o ensino, ligando o conhecimento teórico à prática pedagógica. Muitos mestres e doutores são preparados para produzir ciência, mas faltam-lhes habilidades para ensinar. Portanto, é fundamental que a didática seja parte da formação desses profissionais, proporcionando aulas mais contributivas.

Professores devem ir além da simples transmissão de conteúdo, estimulando a participação ativa dos alunos e usando metodologias diversas. Palestras, debates e atividades práticas atendem diferentes perfis de aprendizado e promovem um ambiente colaborativo. A interação professor-aluno é essencial para o sucesso do ensino.

Além disso, avaliações bem estruturadas, alinhadas aos objetivos de cada disciplina, são fundamentais para medir o progresso. Estimular o pensamento crítico e um ambiente respeitoso e interativo favorece a formação de cidadãos conscientes. Assim, a didática torna-se um pilar na construção de uma educação eficaz e transformadora.

A IMPORTÂNCIA DA DIDÁTICA

A didática é o cerne do processo educacional, atuando como a ponte que conecta o conhecimento do professor à compreensão dos alunos. Em um contexto no qual a formação acadêmica de mestres e doutores frequentemente se concentra na produção de conhecimento científico, há uma lacuna significativa na preparação para o ensino.

A didática em sala de aula deve ser vista como o coração da carreira acadêmica. É por meio dela que o conhecimento científico e teórico ganha vida e significado prático para os alunos. Ao focar apenas a pesquisa e produção de conhecimento, perde-se a oportunidade de formar educadores que sejam também excelentes comunicadores e facilitadores de aprendizado. A formação de professores, portanto, deve incluir uma sólida preparação didática, capaz de engajar os estudantes e promover um ambiente de aprendizado ativo e reflexivo.

Para atingir esse objetivo, é essencial que os professores desenvolvam habilidades que vão além da simples transmissão de conteúdo. Eles devem atuar como facilitadores do conhecimento, estimulando a participação ativa dos alunos, promovendo debates e incentivando a pesquisa. A diversificação das metodologias de ensino é fundamental, pois cada aluno é um universo e, portanto, os alunos aprendem melhor de diferentes modos. Assim, o uso de palestras, debates, estudos de casos, atividades práticas, trabalhos em grupo e tecnologias educacionais pode favorecer a aprendizagem ativa e a aplicação do conhecimento em situações reais.

Outro aspecto a ser destacado consiste em conseguir estimular o pensamento crítico e as habilidades analíticas dos alunos. Os professores devem encorajá-los a questionar, a refletir sobre os conteúdos apresentados e a fazer conexões entre as diferentes disciplinas, favorecendo uma visão interdisciplinar do conhecimento. Dessa forma, os alunos podem desenvolver habilidades de resolução de problemas, tornando-se, em última instância, cidadãos mais críticos e conscientes.

A avaliação também é componente fundamental da didática no ensino superior. É necessário adotar métodos de avaliação que estejam alinhados com os objetivos do curso e que permitam verificar o desenvolvimento das competências e habilidades dos alunos de maneira justa e abrangente. Avaliações formativas, *feedback* constante e valorização das diferentes formas de expressão do conhecimento são práticas que podem contribuir para uma avaliação mais efetiva e construtiva.

Figura C-3.1 - Didática: o coração de tudo!

Fonte: elaborada pelos autores, 2024.

A didática no ensino superior deve ser orientada por uma busca contínua pela excelência na prática docente, reconhecendo a heterogeneidade dos alunos, promovendo uma aprendizagem ativa e significativa, estimulando o pensamento crítico e proporcionando um ambiente de ensino enriquecedor. Dessa forma, o ensino superior se torna mais eficaz e capaz de formar profissionais preparados para os desafios do mundo contemporâneo. A seguir, exploraremos os desafios enfrentados pelos professores, destacando os oito erros mais comuns cometidos em sala de aula e oferecendo reflexões sobre como evitá-los.

OS OITO ERROS MAIS COMUNS COMETIDOS POR PROFESSORES EM SALA DE AULA, E COMO EVITÁ-LOS

FALTA DE OBJETIVO CLARO E BEM DEFINIDO

A clareza dos objetivos é essencial para o sucesso de uma aula. Quando um professor não estabelece objetivos de aprendizado específicos, a aula pode ficar desorganizada e ineficaz, dificultando a compreensão e o progresso dos alunos. Estabelecer objetivos de aprendizagem técnica, prática e atitudinal é fundamental para guiar o planejamento do professor e ajudar os alunos a entenderem o propósito do que está sendo ensinado. Por exemplo, uma aula sobre ética pode ter como objetivo discutir dilemas éticos para avaliar as reações dos alunos, enquanto uma aula de análise de dados pode focar em desenvolver a capacidade analítica dos estudantes.

Para evitar esse tipo de situação, os professores devem dedicar tempo ao planejamento detalhado de suas aulas. Isso envolve definir o que se espera que os alunos aprendam e como isso será medido. A clareza nos objetivos permite uma orientação mais precisa durante a aula e facilita a avaliação do progresso dos alunos. Professores podem utilizar planos de aula estruturados, especificando os objetivos de aprendizado e como cada atividade contribuirá para alcançá-los. Além disso, comunicar esses objetivos aos alunos no início de cada aula ajuda a alinhar as expectativas e a focar no que é realmente importante.

NÃO CONHECER SEUS ALUNOS

Conhecer o perfil dos alunos é fundamental para ajustar as estratégias pedagógicas e garantir uma abordagem eficaz. Cada turma tem características únicas, e ignorar essas diferenças pode resultar em métodos inadequados de ensino. Compreender o nível de conhecimento prévio, as motivações e as condições socioeconômicas dos alunos permite ao professor adaptar suas metodologias para maximizar a aprendizagem e o engajamento. Por exemplo, uma turma de alunos de primeiro semestre pode necessitar de mais orientação e suporte, enquanto alunos das fases finais do curso podem buscar mais autonomia e desafios. Além disso, conhecer se os alunos trabalham, suas regiões de moradia e outros fatores sociodemográficos contribui para ajustar a abordagem didática de maneira mais precisa.

Para conhecer melhor os alunos, é essencial que os professores invistam tempo em atividades que promovam essa interação. Realizar dinâmicas de apresentação, aplicar questionários de interesses e perfis de aprendizagem, e promover discussões abertas são algumas estratégias eficazes. Durante o curso, é importante observar o comportamento dos alunos, suas participações e reações às atividades propostas. Conhecer os alunos vai além do primeiro dia de aula; é um processo contínuo que permite ao professor ajustar suas estratégias pedagógicas conforme necessário, garantindo que cada aluno seja atendido de acordo com suas necessidades e potencialidades.

AGIR COMO SE ESTIVESSE SOZINHO NA SALA

A interação é um componente vital do processo de ensino-aprendizagem. Professores que se comportam como se estivessem sozinhos perdem a oportunidade de criar um ambiente de aprendizado dinâmico e participativo. Uma aula interativa, em que os alunos são incentivados a participar ativamente, facilita a compreensão e a retenção do conteúdo. Ferramentas como perguntas direcionadas, discussões em grupo e atividades práticas são essenciais para manter os alunos engajados. Por exemplo, em vez de simplesmente escrever no quadro, o professor pode caminhar pela sala, fazer perguntas e incentivar os alunos a dialogarem entre si.

Para evitar agir como se estivesse sozinho na sala, o professor deve criar um ambiente de ensino que proporcione interação. Isso pode ser feito utilizando metodologias ativas de aprendizagem, como debates, estudos de casos, trabalhos em grupo e projetos práticos. Essas metodologias mantêm os alunos engajados, além de facilitar a aprendizagem colaborativa. O professor deve estar atento às reações dos alunos, fazendo perguntas e solicitando *feedback* constantemente para garantir que todos estejam acompanhando o conteúdo. Ao promoverem a interação, os professores transformam a sala de aula em um espaço em que o aprendizado se torna uma atividade compartilhada, enriquecendo a experiência educacional tanto para os alunos quanto para os próprios professores.

ARROGÂNCIA ACADÊMICA

A arrogância acadêmica cria uma barreira significativa entre o professor e os alunos. Professores que se veem como detentores exclusivos do conhecimento e desvalorizam as contribuições dos alunos desestimulam a participação e o pensamento crítico. A humildade intelectual é fundamental; reconhecer que o processo de ensino é uma via de mão dupla, em que o professor também aprende, pode enriquecer significativamente a experiência educacional. Um ambiente em que os alunos se sentem respeitados e valorizados é mais propício ao aprendizado e ao desenvolvimento de habilidades críticas e analíticas.

Figura C-3.2 - Arrogância acadêmica

Fonte: elaborada pelos autores, 2024.

Evitar a arrogância acadêmica requer uma postura de humildade e abertura para o aprendizado contínuo. Professores devem reconhecer e valorizar as contribuições dos alunos, incentivando um ambiente de respeito mútuo. Estar disposto a admitir quando não sabe algo e demonstrar interesse em aprender junto com os alunos pode transformar a dinâmica da sala de aula. Cultivar uma comunicação aberta e acessível, em que os alunos se sintam confortáveis para expressar suas ideias e dúvidas, é essencial para construir um relacionamento de confiança.

FALTA DE CONHECIMENTO

A falta de preparo e conhecimento adequado por parte do professor compromete a credibilidade do ensino. Professores devem ser especialistas em suas áreas, estando constantemente atualizados e prontos para aprofundar o conteúdo conforme necessário. Isso não significa saber tudo (algo obviamente impossível), mas estar disposto a aprender continuamente e compartilhar esse processo com os alunos. Admitir a falta de conhecimento e se comprometer a buscar respostas pode ser uma poderosa ferramenta educacional. Por exemplo, quando um aluno faz uma pergunta complexa fora do escopo imediato da aula, o professor pode utilizar essa oportunidade para explorar o tema em conjunto com a turma.

Os professores devem se comprometer com o desenvolvimento profissional contínuo. Isso inclui participar de cursos, *workshops*, conferências e outras oportunidades de aprendizagem. Manter-se atualizado com as últimas pesquisas e desenvolvimentos na sua área de especialização é crucial. Além disso, os professores devem dedicar tempo para preparar suas aulas de forma adequada, garantindo que dominem o conteúdo a ser ensinado. Quando uma pergunta inesperada surge, admitir a falta de conhecimento e se comprometer a buscar a resposta demonstra integridade e promove uma cultura de aprendizado.

NÃO GOSTAR DE SERES HUMANOS

A docência exige uma genuína empatia e paixão por ensinar. Professores que não gostam de interagir com pessoas dificilmente criarão um ambiente de aprendizado positivo e acolhedor. Ensinar envolve entender e lidar com a diversidade humana, promovendo um ambiente em que os alunos se sintam valorizados e motivados a aprender. Professores devem cultivar um interesse genuíno pelo desenvolvimento pessoal e acadêmico de seus alunos. Por exemplo, conhecer as histórias pessoais e acadêmicas dos alunos permite criar estratégias de ensino mais personalizadas e eficazes. Para superar os desafios inerentes à relação com as pessoas, é importante que os professores desenvolvam empatia e uma atitude positiva em relação ao ensino. Isso pode ser alcançado por meio de reflexões pessoais sobre a importância do papel do educador e o impacto que podem ter na vida dos alunos. Participar de treinamentos de desenvolvimento pessoal e de habilidades interpessoais pode ajudar os professores nesse caminho.

NÃO ESTRUTURAR O PENSAMENTO

Uma aula bem estruturada deve ter começo, meio e fim claros. É essencial que o professor encerre cada aula de maneira que os alunos compreendam o que foi discutido e como isso se relaciona com o conteúdo anterior e futuro. Não concluir o raciocínio deixa os alunos confusos sobre o que aprenderam e sobre a relevância do conteúdo. Encerrar uma aula de forma clara e coesa ajuda a solidificar o aprendizado e a preparar os alunos para as próximas etapas. Por exemplo, um professor de filosofia que discute um conceito complexo pode fazer um resumo dos pontos principais e conectar esses pontos com a próxima aula, proporcionando continuidade e clareza.

Para garantir que o pensamento esteja bem estruturado, os professores podem planejar suas aulas de forma a incluir um resumo e uma conclusão claros. Isso pode ser feito revisando os pontos principais discutidos durante a aula e conectando-os com o conteúdo futuro. Ferramentas como resumos escritos, perguntas de revisão e atividades de fechamento ajudam os alunos a consolidar o que aprenderam. Além disso, é útil estabelecer um vínculo claro entre cada aula e o objetivo geral do curso, proporcionando uma visão coesa do progresso acadêmico.

"VIAJAR" NOS CONCEITOS

Embora os conceitos sejam fundamentais, sua aplicação prática é muito importante para os alunos. Professores que se concentram exclusivamente na teoria, sem mostrar suas aplicações práticas, correm o risco de perder o interesse dos alunos. Especialmente em cursos de graduação e pós-graduação, os alunos procuram entender como os conceitos teóricos podem ser aplicados em situações reais. O professor deve ser capaz de traduzir a teoria em exemplos práticos e relevantes, demonstrando sua utilidade no mundo real e facilitando a compreensão e a retenção do conhecimento. Por exemplo, em uma aula de Sociologia, discutir como teorias sociais se aplicam a eventos contemporâneos pode tornar o conteúdo mais relevante e interessante.

Para evitar "viajar nos conceitos", os professores devem sempre buscar conectar teorias e práticas. Isso pode ser feito por meio de exemplos reais, estudos de casos, exercícios práticos e simulações. Mostrar aos alunos como a teoria se aplica no mundo real torna o aprendizado mais relevante e envolvente. Incorporar atividades que permitam aos alunos experimentar e aplicar o conhecimento teórico reforça a aprendizagem e demonstra a utilidade dos conceitos ensinados.

MOMENTO DO CASO REAL

Roberto, recém-formado no mestrado em Engenharia de Produção, estava entusiasmado com seu primeiro emprego como professor de graduação em uma universidade privada. Apesar de sua sólida formação acadêmica, ele rapidamente percebeu que a teoria adquirida durante o mestrado não seria suficiente para enfrentar os desafios práticos da sala de aula. A ausência de disciplinas voltadas para a didática em sua formação se tornou evidente quando começou a preparar suas primeiras aulas.

Na primeira semana de aulas, Roberto enfrentou dificuldades ao tentar manter a atenção dos alunos. Ele percebeu que estava cometendo um dos erros mais comuns: a falta de objetivo claro e bem definido. Suas aulas eram repletas de informações, mas não tinham uma direção específica. Roberto decidiu reformular seu plano de ensino, estabelecendo objetivos claros para cada aula e comunicando esses objetivos aos alunos no início de cada encontro. Essa mudança trouxe um novo dinamismo para suas aulas, pois os alunos passaram a entender melhor o propósito de cada atividade.

Figura C-3.3 - O caso de Roberto

Fonte: elaborada pelos autores, 2024.

Além disso, Roberto também se deparou com a necessidade de conhecer melhor seus alunos. No início, ele tratava todos de maneira uniforme, sem considerar as diferentes motivações, conhecimentos prévios e condições socioeconômicas. Percebendo que essa abordagem não estava funcionando, ele começou a investir mais tempo em atividades interativas, questionários de interesse e discussões abertas. Isso não apenas ajudou a adaptar suas metodologias às necessidades específicas da turma como também criou um ambiente mais acolhedor e participativo.

Roberto teve que lidar com sua própria insegurança em relação ao conhecimento que deveria transmitir. Ele temia não saber responder a perguntas complexas dos alunos. Para superar essa barreira, Roberto adotou uma postura de humildade intelectual, reconhecendo quando não sabia algo e se comprometendo a buscar as respostas junto com os alunos. Esse comportamento aumentou sua credibilidade e promoveu uma cultura de aprendizado contínuo e colaborativo na sala de aula. Roberto descobriu que, ao cultivar a empatia e a paixão pelo ensino, ele não só superou os desafios iniciais, mas também se tornou um educador mais eficaz e inspirador.

INDICAÇÕES CULTURAIS

 FILME	**"Escritores da Liberdade" (2007). Duração: 123 min.** Baseado em uma história real, o filme retrata os desafios de uma jovem professora ao ensinar alunos desmotivados de diferentes contextos sociais. Ele destaca a importância da empatia, da inovação pedagógica e da criação de um ambiente de respeito mútuo.
 LIVRO	**"Pedagogia da Autonomia", de Paulo Freire.** Este clássico da educação reflete sobre o papel do professor e a importância de uma prática pedagógica baseada no respeito ao aluno, ética e diálogo. Freire enfatiza a humildade intelectual e a valorização do conhecimento compartilhado.

TESTE SEUS CONHECIMENTOS

Sobre didática em sala de aula, assinale a alternativa incorreta:

a) Tanto o plano de ensino quanto o plano de aula podem ser importantes aliados para a didática do professor, posto que o bom planejamento por parte do docente pode evitar que este fique nervoso e tenha que improvisar a todo instante. Nervosismo e improviso funcionam como barreiras da boa didática.

b) Conhecer os alunos é fundamental para se estabelecer uma boa didática. O mestrando e o doutorando devem ter em mente, por exemplo, que lecionar para executivos em cursos de MBA é muito diferente de lecionar para alunos de Graduação. Devemos conhecer a linguagem de nossos alunos, seus principais interesses e expectativas.

c) Em geral, os programas de mestrado e doutorado oferecem uma série de disciplinas que atuam diretamente na didática do mestrando e do doutorando em sala de aula, sendo suficientes para formar grandes professores.

d) Não concluir raciocínios e não construir bom relacionamento com os alunos estão entre os principais erros cometidos por professores em seus processos pedagógicos, o que pode levar os alunos a perderem o interesse nas aulas.

ATIVIDADE DE AUTOAPRENDIZAGEM E PLANEJAMENTO

Como você, em sua trajetória acadêmica ou profissional, tem equilibrado o conhecimento teórico adquirido com a prática didática, e de que maneira pode aprimorar sua abordagem para se tornar um facilitador mais eficaz no processo de aprendizado dos outros?

GABARITO – TESTE SEUS CONHECIMENTOS

PARTE A

1. As dores e delícias da vida acadêmica

Alternativa c), pois as demais alternativas fazem parte do grande leque de opções que compõem o que chamamos de carreira acadêmica. A consultoria também é uma opção para tal carreira, em que é buscada a união de teorias e práticas! Devemos lembrar que a carreira acadêmica envolve as dimensões de (i) ensino, (ii) pesquisa e (iii) gestão. Reflita sobre em qual, ou quais, dimensões você se enquadra melhor.

2. Relacionamento com a comunidade acadêmica

Alternativa d). Esses relacionamentos são cruciais porque cada agente tem papéis específicos e influentes durante o mestrado ou doutorado. O orientador guia a pesquisa, os colegas oferecem apoio e colaboração, e os avaliadores e professores são decisivos nas avaliações. Assim, a gestão desses relacionamentos é fundamental, pois o sucesso acadêmico depende tanto das habilidades individuais quanto do engajamento com a comunidade acadêmica.

3. Lidando com "teorias" e "práticas"

Alternativa b). Essa alternativa é correta porque demonstra que uma boa teoria vai além de meras abstrações, tendo aplicação real. Teorias como a da gravidade exemplificam como elas são capazes de explicar fenômenos do mundo real, prever seus efeitos e gerar conhecimento aplicável. No contexto acadêmico e científico, teorias sólidas são ferramentas valiosas para entender e antecipar eventos, mostrando que teoria e prática estão intimamente conectadas.

4. O processo de escolha do programa de mestrado e doutorado

Alternativa a), pois a afirmação III está incorreta. A plataforma Lattes é a mais adequada para levantarmos informações sobre os pesquisadores, e não sobre os programas de mestrado e doutorado. Devemos lembrar que tal plataforma, de acesso gratuito (https://lattes.cnpq.br), é de currículos de professores, em que o próprio professor é responsável por registrar seus feitos acadêmicos. Para acessar informações sobre os programas, dois caminhos são indicados: via plataforma Sucupira (https://sucupira.capes.gov.br/sucupira/), que além de trazer informações sobre as áreas também traz informações sobre os programas; via site de cada instituição de ensino de interesse.

5. Os processos seletivos para mestrado e doutorado

Alternativa c), porque combina os dois fatores essenciais para o sucesso em processos seletivos de mestrado e doutorado: um currículo acadêmico robusto e a criação de relacionamentos na comunidade acadêmica. O currículo é fundamental para demonstrar a competência acadêmica do candidato, evidenciando sua trajetória em pesquisa e publicações. Além disso, participar de eventos acadêmicos permite ao candidato interagir com professores e pesquisadores, criando uma rede de contatos que pode fortalecer sua imagem e aumentar as chances de aprovação no processo seletivo.

PARTE B

1. A arte de sobreviver às disciplinas

Alternativa d). Desenvolvemos, de forma proposital, todas as afirmativas como sendo corretas, para que esta questão sirva como um lembrete dos cuidados essenciais. Disciplinas qualitativas e quantitativas têm de fato naturezas diferentes, o que também ocorre com disciplinas obrigatórias quando comparadas às eletivas. Por fim, apesar de parecer uma obviedade, já conhecemos muitas pessoas que não estudam da forma adequada e que, por esta razão, acabam por ter desempenhos muito inferiores daqueles que poderiam alcançar. Nesse sentido, é necessário ter cuidado ao lidar com as disciplinas do mestrado e do doutorado!

2. A leitura acadêmica como inimiga ou aliada

A alternativa c) é a correta porque o método das três leituras permite otimizar a leitura acadêmica ao dividir o processo em etapas estratégicas: uma leitura rápida para identificação geral do conteúdo, uma leitura detalhada das partes mais importantes e, por fim, uma leitura seletiva focada nas seções mais relevantes para a pesquisa, promovendo uma gestão eficiente do tempo.

3. A imprescindibilidade da escrita acadêmica

Alternativa b), pois as assertivas IV e V trazem características de textos livres ou comerciais, e não de textos acadêmicos. O texto científico é pautado por evidências, numéricas ou não numéricas, o que afasta do texto científico a ideia de livre exposição de opinião, sem dados. Além disso, no texto científico não devemos usar de forma livre sites, leis, blogs e livros. Apesar dessas fontes serem possíveis de serem empregadas no texto científico, seu uso não é livre, posto ser necessário verificar a qualidade de tais publicações.

4. O orientador como herói e/ou vilão

Alternativa d). Todas as afirmações estão corretas e fazem parte das atividades tradicionais do orientador em sua relação com o orientando, seja ele aluno de mestrado ou doutorado. Outras atribuições também são possíveis, mas inserimos nessa questão as mais frequentes.

5. A condução da pesquisa acadêmica

Alternativa a). A sequência correta é a seguinte: (i) definição do tema a ser investigado, (ii) problematização já dentro de uma temática específica, (iii) construção de uma pergunta, ou de um objetivo, que norteará todo o estudo e (iv) escolha de um método de investigação que seja adequado para alcançar os propósitos da pesquisa. Modificar a ordem temporal dessas etapas é possível, porém não é recomendável quando o pesquisador tem baixa experiência em investigações acadêmicas.

6. Eis que um mundo se abre: a riqueza das bases científicas

A alternativa b) é a correta, pois essas bases são reconhecidas por fornecer artigos de alta qualidade e revisados por pares. Isso garante ao pesquisador o acesso a estudos confiáveis e relevantes, essenciais para uma revisão de literatura abrangente e atualizada. Além disso, a filtragem por data e relevância permite que o pesquisador se concentre nas publicações mais recentes e impactantes no campo da "responsabilidade social empresarial", o que é crucial para fundamentar sua pesquisa em informações atuais e pertinentes.

7. As tão temidas bancas de qualificação e defesa

Alternativa b), pois o aluno não é conduzido para a banca de defesa sem ter sido aprovado na banca de qualificação. Essa diretriz vale tanto para o mestrado quanto para o doutorado. Aqui você deve lembrar que a banca de qualificação, conhecida como uma banca de meio termo, tem a função de permitir, ou não, que o aluno avance/

siga com a proposta de pesquisa de sua dissertação (mestrado) ou tese (doutorado). Eliminar tal etapa pode ser um grande prejuízo para o desenvolvimento de uma pesquisa de qualidade científica.

PARTE C

1. A publicação da dissertação ou tese

Alternativa a), pois todas estão corretas. Tenha em mente que publicar uma dissertação de mestrado ou uma tese de doutorado é uma tarefa que exige excelente planejamento, como em um jogo de xadrez, em que devemos pensar com muitas jogadas de antecedência.

2. A valorização da trajetória internacional

Alternativa b), pois, apesar de ser mais tradicional o cruzamento de fronteiras para a realização de atividades internacionais, atualmente as plataformas de reuniões e de outros serviços remotos estão revolucionando também a forma dos alunos internacionalizarem suas carreiras. É possível, por exemplo, que o aluno participe de um grupo de pesquisa composto por professores de diferentes países sem que necessite, obrigatoriamente, visitar tais países.

3. O coração de tudo? A didática em sala de aula

Alternativa c), pois, infelizmente, os programas de mestrado e doutorado não têm como foco principal o desenvolvimento da didática dos mestrandos e doutorandos enquanto professores (apesar de ofertarem algumas poucas disciplinas que podem ajudar parcialmente nesse processo). A tradição dos programas caminha muito mais no sentido de desenvolvimento de pesquisadores do que de desenvolvimento de professores.

REFERÊNCIAS

AMERICAN PSYCHOLOGICAL ASSOCIATION. *Publication Manual of the American Psychological Association*. 7. ed. Washington, D.C.: APA, 2020. Disponível em: https://apastyle.apa.org/products/publication-manual-7th-edition. Acesso em: 30 set. 2024.

ANPAD. *Teste ANPAD*. Disponível em: https://testeanpad.org.br. Acesso em: 30 set. 2024.

ASSOCIAÇÃO NACIONAL DE PÓS-GRADUAÇÃO E PESQUISA EM ADMINISTRAÇÃO (ANPAD). *Teste ANPAD*. Disponível em: https://testeanpad.org.br/. Acesso em: 23 jan. 2025.

ANPG. *O que é livre-docência e como ela funciona*. Disponível em: http://anpg.org.br/16/08/2018/o-que-e-livre-docencia-como-ela-funciona. Acesso em: 14 jan. 2025.

ARISTÓTELES. *Metafísica*: livros I, II e III. Tradução, introdução e notas de Lucas Angioni. Campinas: UNICAMP/IFCH, 2008. (Clássicos da Filosofia: Cadernos de Tradução, n. 15).

ASSOCIAÇÃO BRASILEIRA DE NORMAS TÉCNICAS (ABNT). Disponível em: https://www.abnt.org.br/busca360/trabalhos/1. Acesso em: 30 set. 2024.

ASSOCIAÇÃO NACIONAL DE PÓS-GRADUANDOS (ANPG). *O que é Livre Docência e como ela funciona*. Disponível em: <anpg.org.br/16/08/2018/o-que-e-livre-docencia-como-ela-funciona>. Acesso em: 30 set. 2024.

BARBOSA, Aline dos Santos; ROMANI-DIAS, Marcello; VELUDO-DE-OLIVEIRA, Tânia Modesto. *The Facets of Women Commodification*: Violence in the University Context in Administration. Revista de Administração Contemporânea, v. 24, p. 582-599, 2020.

BELCHER, Wendy Laura. *Writing Your Journal Article in Twelve Weeks*: A Guide to Academic Publishing Success. 2. ed. Chicago: University of Chicago Press, 2019.

BOOTH, Wayne C.; COLOMB, Gregory G.; WILLIAMS, Joseph M. *A Arte da Pesquisa*. 2. ed. São Paulo: Martins Fontes, 2020.

BRASIL. Conselho Nacional de Desenvolvimento Científico e Tecnológico (CNPq). *Plataforma Lattes*. Disponível em: lattes.cnpq.br. Acesso em: 30 set. 2024.

BRASIL. Coordenação de Aperfeiçoamento de Pessoal de Nível Superior (CAPES). *Ato Administrativo* n° 314. Disponível em: http://cad.capes.gov.br/ato-administrativo-detalhar?idAtoAdmElastic=314. Acesso em: 10 jan. 2025.

BRASIL. Coordenação de Aperfeiçoamento de Pessoal de Nível Superior (CAPES). *Processo Seletivo de Pós-Doutorado*. Disponível em: https://www.gov.br/inpi/pt-br/servicos/a-academia/processo-seletivo/pos-doutorado. Acesso em: 30 set. 2024.

BRASIL. Coordenação de Aperfeiçoamento de Pessoal de Nível Superior (CAPES). *Perguntas Frequentes*. Disponível em: www.gov.br/capes/pt-br/acesso-a-informacao/perguntas-frequentes/sobre-a-cap. Acesso em: 30 set. 2024.

BRASIL. Coordenação de Aperfeiçoamento de Pessoal de Nível Superior (CAPES). *Plataforma Sucupira*. Disponível em: www.gov.br/capes. Acesso em: 30 set. 2024.

BRASIL. *Edital Resultado do Prêmio CAPES de Tese Edição 2020*. Diário Oficial da União, 2020. Disponível em: https://www.in.gov.br/en/web/dou/-/edital-resultado-do-premio-capes-de-tese-edicao-2020-280587178. Acesso em: 30 set. 2024.

BRASIL. Instituto Nacional da Propriedade Industrial (INPI). *Processo Seletivo – Pós-Doutorado*. Disponível em: https://www.gov.br/inpi/pt-br/servicos/a-academia/processo-seletivo/pos-doutorado. Acesso em: 14 jan. 2025.

BRASIL. Lei nº 9.394, de 20 de dezembro de 1996. *Estabelece as diretrizes e bases da educação nacional.* Disponível em: https://www.planalto.gov.br/ccivil_03/leis/l9394.htm. Acesso em: 23 jan. 2025.

BRASIL. *Parecer* nº 977/65. Diário Oficial da União, 1965, p. 11. Disponível em: http://cad.capes.gov.br/ato-administrativo-detalhar?idAtoAdmElastic=314. Acesso em: 30 set. 2024.

COHN, Gabriel. *O que é teoria?*. 3. ed. São Paulo: Brasiliense, 2011.

DAVIS, Murray S. That's interesting! Towards a phenomenology of sociology and a sociology of phenomenology. Philosophy of the Social Sciences, v. 1, n. 2, p. 309-344, 1971.

ELSEVIER AUTHOR HUB. Disponível em: https://www.elsevier.com/researcher/author. Acesso em: 30 set. 2024.

FERREIRA, Manuel Portugal. Pesquisa em Administração e Ciências Sociais Aplicadas: Um Guia para Publicação de Artigos Acadêmicos. 2. ed. São Paulo: Atlas, 2018.

FREIRE, Paulo. *Pedagogia da Autonomia.* 34. ed. São Paulo: Paz e Terra, 2021.

GARCIA, Luis Fernando; BARBOSA, Clarissa F. *Manual de Sobrevivência na Universidade.* 2. ed. São Paulo: Contexto, 2020.

MINAYO, Maria Cecília de Souza. *A Construção do Problema de Pesquisa.* 4. ed. Rio de Janeiro: Vozes, 2020.

PROQUEST. Disponível em: https://www.proquest.com. Acesso em: 30 set. 2024.

PUBMED. Disponível em: https://pubmed.ncbi.nlm.nih.gov. Acesso em: 30 set. 2024.

ROMANI-DIAS, Marcello; CARNEIRO, Jorge; BARBOSA, Aline dos Santos. *Internationalization of higher education institutions: the underestimated role of faculty*. International Journal of Educational Management, v. 33, n. 2, p. 300-316, 2019.

ROMANI-DIAS, Marcello; CARNEIRO, Jorge. *Internationalization in higher education*: faculty tradeoffs under the social exchange theory. International Journal of Educational Management, v. 34, n. 3, p. 461-476, 2020.

ROSA, Rodrigo Assunção; ROMANI-DIAS, Marcello. *A presença e o impacto de periódicos brasileiros da área de administração, contabilidade e turismo em bases científicas*. Revista Eletrônica de Ciência Administrativa, v. 18, n. 3, p. 327-348, 2019.

SANDBERG, Jörgen; ALVESSON, Mats. *Ways of constructing research questions*: gap-spotting or problematization?. Organization, v. 18, n. 1, p. 23-44, 2011.

SCIELO. Scientific *Electronic Library Online*. Disponível em: https://www.scielo.org. Acesso em: 30 set. 2024.

SCOPUS. Disponível em: https://www.scopus.com. Acesso em: 30 set. 2024.

SCOPUS. Disponível em: https://www.scopus.com/. Acesso em: 30 set. 2024.

SPELL. Scientific Periodicals Electronic Library. Disponível em: https://www.spell.org.br. Acesso em: 30 set. 2024.

THE PIE NEWS. Disponível em: https://www.thepienews.com/. Acesso em: 30 set. 2024.

THE THESIS WHISPERER. Disponível em: https://thesiswhisperer.com. Acesso em: 30 set. 2024.

VAN DE VEN, Andrew H. Engaged scholarship: *A guide for organizational and social research*. Oxford University Press, USA, 2007.

WEB OF SCIENCE. Disponível em: https://www.webofscience.com. Acesso em: 30 set. 2024.